特殊浸润性表面的开发制备与性能研究

Development,Preparation and Properties of Special Wettability Surfaces

李杰 著

化学工业出版社

·北京·

内 容 简 介

本书对自然生物界存在的特殊浸润现象进行了概述，结合国内外有关特殊浸润性材料的研究工作进展及相关理论，阐述了特殊浸润性表面的形貌特征、设计思想、研究意义及仿生学设计等，结合作者的研究，本书着重介绍了对铝、镁、钛及硅等进行特殊浸润性改性研究的方法，并对制备得到的特殊浸润性表面的性能进行了研究。书中通过实际案例讲解，有大量的图表数据，内容翔实。

本书可供从事相关领域研究的科研人员参考。

图书在版编目（CIP）数据

特殊浸润性表面的开发制备与性能研究/李杰著. —
北京：化学工业出版社，2023.6
ISBN 978-7-122-43182-0

Ⅰ.①特…　Ⅱ.①李…　Ⅲ.①表面涂覆-特种材料-
研究　Ⅳ.①TB39

中国国家版本馆 CIP 数据核字（2023）第 057115 号

责任编辑：韩庆利　　　　　　　　　　　　文字编辑：宋　旋　陈小滔
责任校对：王鹏飞　　　　　　　　　　　　装帧设计：刘丽华

出版发行：化学工业出版社（北京市东城区青年湖南街 13 号　邮政编码 100011）
印　　装：北京天宇星印刷厂
787mm×1092mm　1/16　印张 11　字数 232 千字　2023 年 8 月北京第 1 版第 1 次印刷

购书咨询：010-64518888　　　　　　　　售后服务：010-64518899
网　　址：http://www.cip.com.cn
凡购买本书，如有缺损质量问题，本社销售中心负责调换。

定　　价：88.00 元

　　特殊浸润性表面因其在人们的日常生活和国民生产的各个领域有着巨大的应用前景而受到研究者的广泛关注。对自然生物界特殊浸润性表面的研究发现，固体表面的浸润性是由材料表面的化学组成（表面自由能）和表面微观形貌决定的，通过改变固体表面的微观结构和表面自由能可以实现对固体材料表面浸润性的调控。基于上述理论，从表面微观结构和表面自由能两个方面着手，利用多种技术手段构建适当的表面微观结构，同时对材料的表面自由能加以调控，实现了对不同基底材料浸润性的调控，为超疏水表面的制备提供了新的工艺手段和方法。

　　采用激光加工技术在硅、镁合金表面构造规则的粗糙表面结构，利用自组装技术进行氟化硅烷修饰，制备得到具有超疏水性的硅、镁合金表面。研究了具有规则形貌结构的改性表面与接触角之间的关系，通过建立数学模型对超疏水表面的浸润状态进行分析，阐明了基于激光加工与自组装技术构建硅、镁合金表面的超疏水状态符合 Cassie-Baxter 状态模型。

　　基于位错刻蚀理论，利用溶液刻蚀处理铝镁合金试样构建微观粗糙结构，通过自组装技术降低微观粗糙表面自由能，制备得到铝镁合金超疏水表面。研究发现，刻蚀时间的不同使制备得到的超疏水表面与水滴之间的黏附力存在明显差异，分析认为，黏附力的差异是水滴在具有不同微观结构表面上所处的状态不同造成的。

　　通过微弧氧化技术在镁合金表面生成微观粗糙结构，再利用自组装技术获得了镁合金基底超疏水表面。对试样表面进行微摩擦学测试表明，致密层和疏松层以及经自组装分子膜修饰后的膜层均比镁合金基底具有更好的耐磨性能；基于自组装技术制备的疏水/超疏水表面形成的边界润滑膜在一定载荷条件下均能有效地降低基底的摩擦系数，边界润滑膜失效后，基底表面特性占主导地位。

　　采用微弧氧化技术在镁合金表面生成微细表面结构，利用环氧树脂溶液和纳米二氧化硅分散液对该表面进行涂覆处理，形成二氧化硅纳米颗粒均匀分布的粗糙表面，再利用全氟硅烷改性后，制备得到具有微/纳二元粗糙结构的超疏水性复合涂层。研究表明，此表面具有稳定的超疏水效果，其对不同 pH 值的液滴均表现出超疏水性，并且，相比镁合金基底，耐蚀性得到显著提高。

利用激光刻蚀工艺分别与沉积法、提拉法相结合，以 TC4 钛合金、TA2 纯钛、6061 铝合金、AZ31B 镁合金四种常用的轻金属材料为基底，以点阵、切圆、直线和网格为基底形貌特征，对于同一种形貌设置了不同参数，特别地对于直线和网格图形选用了两种不同的加工方法，制备出了一系列特殊浸润性表面，并分别对其进行了浸润特性研究、表面的微观形貌研究、表面成分测定以及自清洁性研究。

以玻璃为基底的超疏水表面构建，利用纳米 SiO_2 颗粒制备了单分散纳米 SiO_2 疏水表面，结合环氧树脂制备了环氧树脂/ SiO_2 复合表面，成功制备了高疏水性和透光性好的玻璃基底镀层。

由于时间仓促、水平有限，不当之处在所难免，恳请同行和读者批评指正。本专著的出版得到了北京工商大学科技创新服务能力建设——高水平论文作者/科研获奖培育计划项目与专著资助的扶持，在此表示感谢。

李 杰

目录

第1章

绪　论

1.1
引言

液体对固体表面的浸润性（wettability，也称润湿性）是固体表面的一种重要性质，它是指固体界面由固-气界面转变为固-液界面的能力。从热力学的角度来讲，当液体与固体发生接触后，固-液-气三相体系表面自由能由高能态向低能态转变，固体表面的气体被液体取代的现象叫浸润。从微观上来讲，浸润固体的液体，在取代原固体表面上的气体后，本身与固体表面是在分子水平上的接触。不论在自然生物界还是人类的日常生活与工农业生产中，浸润性都发挥着极为重要的作用[1-3]。如植物的根系吸收水分、农作物通过叶片对溶液药剂的吸收与利用；窗户玻璃、眼镜片上在冷热交替环境下形成的水雾；汽车表面打蜡与涂漆起到防水防锈作用等，这些都与浸润性相关。此外，浸润性应用极为广泛，如工业粉末的泡沫浮选、原油开采、工业材料的防水与洗涤、机械使用的润滑油、油漆的流平性、工业生产中的催化作用、制造相片用的感光涂布和生物医药等都与浸润密切相关[4-6]。因此，从科学研究的角度来讲，对浸润问题的研究不仅具有重要的理论意义，而且具有实际应用价值。

固体表面的浸润性通常用接触角（Contact Angle，CA）来表示，当液滴接触固体表面时，液滴会在固体表面以不同形状的球形、半球形或铺展液膜的形式存在。从固-液-气三相作用点处画液-气界面的切线，该切线与固-液界面在三相点处的切线之间的夹角即为接触角（如图 1.1 所示），它是衡量浸润性的一个重要指标。

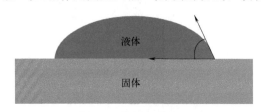

液体

固体

图 1.1　接触角示意图

通常来讲，与液体的接触角大于 90°的表面为疏态表面，小于 90°的表面则为亲态表面；当水滴或者油滴在固体表面上所形成的接触角小于 10°时，这样的固体表面分别被称作超亲水（superhydrophilic）或超亲油（superoleophilic）表面；而当水滴或者油滴在固体表面上所形成的接触角大于 150°时，这样的固体表面分别被称作超疏水（superhydrophobic）或者超疏油（superoleophobic）表面。固体表面在某些极端状况下表现出来的特殊浸润性不一定是孤立存在的，通过控制外部作用环境或者改变固体材料表面的某些结构，在一定条件下可以使两两之间发生共存或转化，其各自之间的转化关系如图 1.2 所示[7]。

超疏水性（superhydrophobility）作为固体表面浸润性的一种特殊状态，其自身所具有的防污自清洁[8]、防水防潮[9]、流体减阻[10-12]、表面防护[13] 等诸多优异性能使其可广泛应用在建筑材料、生物医药、流体运输、交通运输等诸多领域。

将具有自清洁特性的超疏水材料应用在建筑物外墙玻璃、户外天线或雷达、太阳能

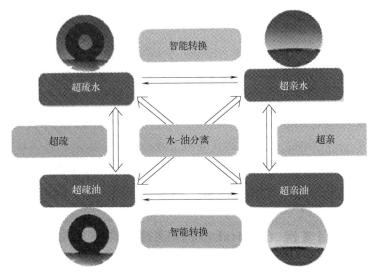

图 1.2　超疏水/油、超亲水/油四种特殊浸润性状态相互转化示意图[7]

电池板、输变电线路高架塔及电缆等领域可以有效地减轻或避免雨雪的黏附，并通过雨水的冲刷带走表面黏附的灰尘，达到自洁净的效果。自清洁材料在高层建筑外表面的清洁保养方面作用巨大[14-15]，已有部分公司推出了自清洁玻璃产品，如美国 PPG 公司推出的 Sun Clean™ 产品[14]，如图 1.3 所示为该产品与普通产品在雨水冲刷下的对比效果；在寒冷地区户外的卫星天线、雷达和输变电线缆上形成的雪霜冰层容易诱发设备故障或绝缘层击穿，应用超疏水表面可有效减少这一危害的发生，提高设备的可靠性，减轻或避免类似 2008 年我国南方地区特大冰雪灾害对输变电网络及相关领域的巨大影响。

图 1.3　PPG 自清洁玻璃与普通玻璃对比[14]

　　船舶在水面航行时需要消耗很多能源来克服行进过程中的摩擦阻力，水下航行体如潜艇、鱼雷等甚至高达 80％；而对于输送管道，如原油运输、输水管道等，其能量的耗损几乎全部用来克服流体和管道壁面之间的摩擦阻力；超疏水表面应用于船体或舰艇外壳的建造，不仅可以降低因海生物附着、生长与积聚造成其自身运行效率降低的影响，而且超疏水表面的减阻特性使其可有效减少流体阻力，通常可以达到 10％～30％

左右[10-12,16]，有效提高航速和经济性；将超疏水表面应用于输运管道建设，可减少运输耗损和管道阻塞，提高运输效率和设备完好率。

在微/纳电子机械系统（MEMS/NEMS）领域，随着机构器件微型化，与机构表面尺寸相关的表面效应急剧增加，表面黏附、摩擦磨损等问题变得突出，如微流通道中的流体阻力成为微流体器件发展的重要制约因素；微机构中界面间存在的摩擦与黏附极大地降低了系统工作的可靠性。对超疏水表面的研究表明，应用超疏水表面不仅可有效改善和控制材料的润滑与摩擦[17-18]，使其应用于液滴分离、液滴无损转移、液滴运输等微流体领域，而且超疏水表面的生物相容性[19]使其可应用于生物医学领域中微量药物传输、生物检测等方面。同时，改善应用超疏水改性处理的 MEMS/NEMS 的微摩擦学性能，可提高系统可靠性。

综上所述，超疏水表面以其广阔的应用前景引起了科学研究学者的极大关注。

1.2
具有超疏水特性的自然生物表面

人类对超疏水现象的认识最早是从自然界开始的，如"荷叶效应"莲属科叶面、各向差异的水稻叶、"水上溜冰者"水黾、高黏附自清洁的壁虎脚掌等。这些自然生物表面不仅具有疏水、自洁防污、减阻、防护的功能，还有拟态、减振、降噪和高稳定性等特点。随着材料科学研究的进步与发展，现代化测试仪器与分析技术手段的不断改进，对生物界表面微观结构的研究逐渐成熟。通过对超疏水表面的研究，分析和总结"仿生"的必要条件和可能途径，以期制备仿生超疏水表面提供理论依据和技术支持。

1.2.1 超疏水莲属科叶面

对生物表面特殊浸润性的认识和研究中，具有"出淤泥而不染"的荷叶表面超疏水自清洁效应最早被发现。滴落到荷叶表面的水会自动聚集成水珠，在外力影响下（如微风、水波）水珠很容易发生滚动，从而将叶片表面的污泥、灰尘等污染物带走，荷叶表面上吸附的杂质被清除，保持叶面的洁净，如图1.4所示为其自清洁示意图。图（a）水滴在荷叶表面滚动；图（b）荷叶效应使水滴的滚动带走了污物颗粒；图（c）（d）展示了液滴在沾有污物的倾斜表面上的运动示意图；在光滑基底上，"污物颗粒"与表面之间的黏附力很大，液滴仅是经过了该表面；另一种不同的情景发生在基底有特定结构的表面上，该表面与"污物颗粒"之间的黏附力很小，随着液滴滚过这些"污物颗粒"将其轻松拾起带走而使表面变得清洁。

荷叶表面所具有的优异疏水性能和非凡的自清洁功能被称为"荷叶效应（lotus effect）"，这种特殊的自清洁效应引起了国内外诸多学者对莲属科叶面的广泛关注，如：Barthlott & Neinhuis 1997[20]；Neinhuis & Barthlott 1997[21]；Feng et al. 2002[22]；

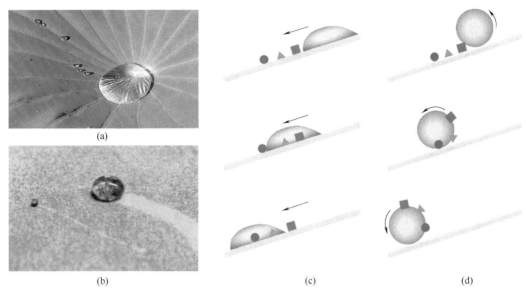

图 1.4 "荷叶效应"示意图[19]

Wagner et al. 2003[23]；Bhushan & Jung 2006[24]；Burton & Bhushan 2006[25]；Koch et al. 2008，2009[26-27]。研究发现，此类莲属科叶表面是由无数个被称为乳突的基本单元组成的粗糙微结构表面，每个单独的乳突是由亚微米级三维立体蜡状物质组成。这些蜡状物质多以微管形存在，但也有诸如盘状型的蜡状物质存在于其它植物叶面上[26-27]，如图 1.5 所示。图（a）展示了一种荷叶表面（N. nucifera）在三种尺度下（i）～（iii）SEM 形貌图，由微米级乳突结构和纳米级三维蜡质物构成了微纳分级结构；图（b）液滴"坐在"荷叶表面。

图 1.5 莲属科叶面 SEM 形貌[26]

分析认为这些微观分级结构[22,24-25]可有效促使空气存留在微结构底部，而水滴在纳米结构的蜡状物质上存在，从而有效地保证超疏水和自清洁效应。也有研究认为几乎所用的超疏水自清洁叶片都是由分级粗糙结构组成的[21,27-28]，水在此类表面上形成近乎球形的水珠，从而可以有效地减少与表面的接触面积，降低黏附力[29-30]。

1.2.2　各向差异超疏水水稻叶表面

水滴在水稻叶面上呈现近乎球形的水珠，其接触角可以达到157°以上，但水珠在其表面的运动明显有别于荷叶：在沿着平行于叶脉方向上水珠易发生滚动，而在垂直于叶脉的方向上较难滚动，如图1.6所示。通过对其表面的微观形貌研究表明，水稻叶面上存在着类似于荷叶表面的乳突结构，与荷叶不同的是，乳突在水稻叶片上沿平行于叶片边缘方向呈有序排列，而沿着垂直于叶片边缘方向则呈无序排列（荷叶表面的乳突呈无序排列，没有明显的指向性）。这种特殊的排列结构使水滴在叶脉方向上比垂直叶脉方向上易于发生滚动。对乳突的进一步研究发现，这些微米级的突起物是由纳米级的针状物质组成的，其直径在30～50nm之间，这些纳米级针状物在乳突上形成三维微结构，通过微米级乳突与纳米级的针状物组成微/纳二元三维复合结构，使空气易于存留在叶片表面，形成水稻叶面上的超疏水特性[32-33]。

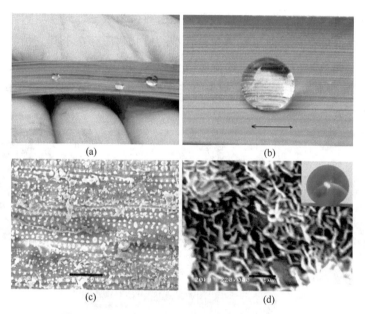

(a)　　　　　　　　　(b)

(c)　　　　　　　　　(d)

图1.6　水稻叶面的超疏水态和SEM形貌[31]

1.2.3　水黾腿表面

水黾的腿具有稳固的超疏水性能，使其可以轻易地在水面上站立、快速移动、跳跃和行走。水黾站立在水面上时，受自身重力影响，在腿部压力的作用下会在水面上形成漩涡，漩涡的深度可以达到4.38mm[34]，水面也不会被刺穿，如图1.7所示。研究发

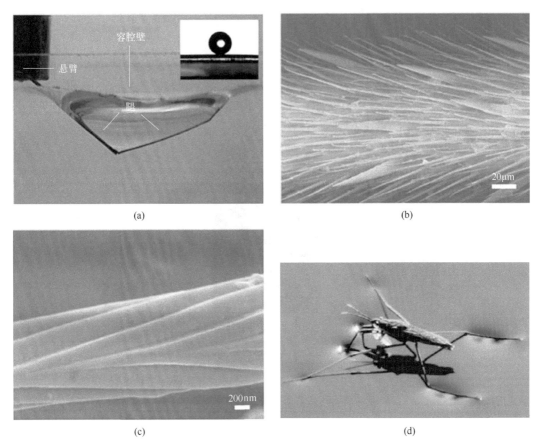

(a)

(b)

(c)

(d)

图 1.7　不可浸润的水黾腿[19] 和水黾腿 SEM 形貌[34]

现，水黾腿部不仅不会被浸润，而且具有超高的承载能力，每只腿在水面上产生的压力可以达到 $3399.13×10^{-6}$ N，约等于其自身重量的 17 倍的支撑力[35]。对水黾腿部的微观形貌进行的研究发现，水黾的腿部是由无数微米级针状刚毛组成，单个刚毛表面由许多纳米级精细凹槽组成。通过这种微米级刚毛和纳米级凹槽组成的三维粗糙结构可以促使空气被有效地吸附在这些缝隙中，从而在水黾腿部形成稳定的气腔，这种微/纳米结构与表面蜡质物的共同作用有效地阻碍水滴对水黾腿部的浸润，赋予水黾腿部非凡稳固的超疏水性能[36]。

1.2.4　高黏附超疏水壁虎脚掌面

人们对壁虎的关注在于其攀岩爬壁的本领，但很少有人注意到壁虎脚底的超疏水性。Autumn 等[37] 的研究报道揭示了壁虎脚掌特殊黏附力的产生原因，研究发现，壁虎的每只脚底面大约存在 50 万根极细的软性刚毛，每根刚毛末端附带有 $400\sim 1000$ 根数量不等的更为细小的纳米绒毛分支，这些绒毛直径约为 $0.2\sim 0.5\mu m$，如图 1.8 所示。

这种微/纳米分级结构使得刚毛得以近距离接触物体的表面，从而在接触面的表面

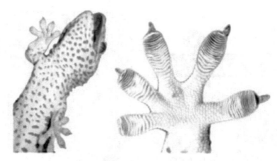

(a) 壁虎的脚掌和脚趾形貌

(b) 脚趾上有序排列
的刚毛SEM形貌

(c) 单个刚毛SEM形貌

(d) 刚毛末端分
支SEM形貌

图 1.8　壁虎脚掌 SEM 形貌[37]

分子与刚毛之间产生"范德瓦耳斯力"。虽然单根刚毛产生的力很微小，但 50 万根刚毛积累起来的力已足以支持壁虎自身的重量，从而实现其攀岩爬壁的本领。2002 年，Autumn 教授[38] 第一次发现和报道了壁虎脚的表面拥有超高疏水性，壁虎脚上那些由天然角质刚毛聚集而成的整体表面，具有接触角可达 160.9°的超疏水特性。壁虎脚掌具有的这种分层微观结构不仅赋予其高黏附力攀岩爬壁，而且保证其具有自洁净效果，避免接触物体对其脚掌的污染[39]。

　　除此之外，自然界还存在许多超疏水表面，如玫瑰花瓣[40]、蝉翼[41]、蛾虫的眼睛[42]、蝴蝶翅膀[42]、蚊子的眼睛[43]、芋头叶面[31]、印度美人蕉叶面[31]、紫竹梅叶面[31]、杠板归叶面[31]、苎麻叶面[31]、西瓜表面[31] 等，由其 SEM 形貌图可见（图 1.9～图 1.18），其表面微观结构均存在微/纳米粗糙结构。国内外学者对这些表面的进一步研究发现，表面微/纳米粗糙结构和表面存在的蜡质物是这些表面具有超疏水性的重要因素。

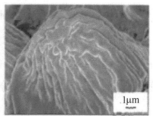

图 1.9　玫瑰花瓣 SEM 形貌[40]

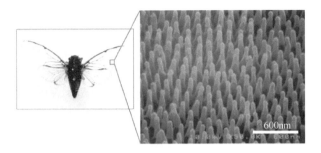

图 1.10　蝉翼 SEM 形貌[41]

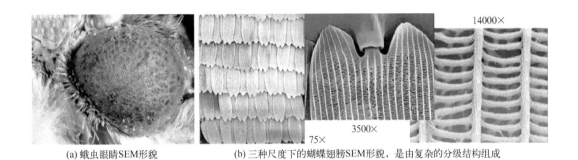

(a) 蛾虫眼睛SEM形貌　　　　　　　(b) 三种尺度下的蝴蝶翅膀SEM形貌，是由复杂的分级结构组成

图 1.11　蛾虫的眼睛和蝴蝶翅膀 SEM 形貌[42]

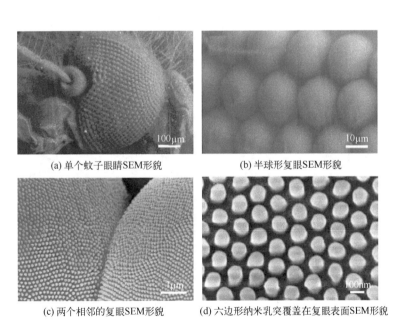

(a) 单个蚊子眼睛SEM形貌　　　　　　(b) 半球形复眼SEM形貌

(c) 两个相邻的复眼SEM形貌　　　　(d) 六边形纳米乳突覆盖在复眼表面SEM形貌

图 1.12　蚊子的眼睛 SEM 形貌[43]

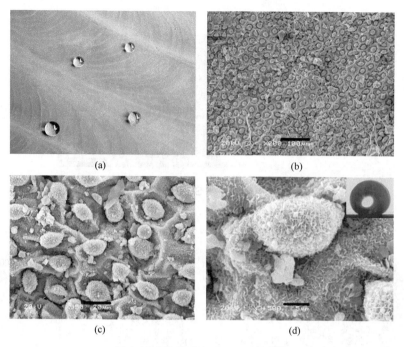

(a)　　　　　　　　　　　　　　(b)

(c)　　　　　　　　　　　　　　(d)

图 1.13　芋头叶面 SEM 形貌[31]

注：图（a）展示了水滴在芋头叶表面的状态；图（b）～图（d）展示了不同尺度下芋头叶表面的微观形貌，
其中图（d）水滴在芋头叶表面的接触角可达 159°±2°，显示出良好的超疏水特性

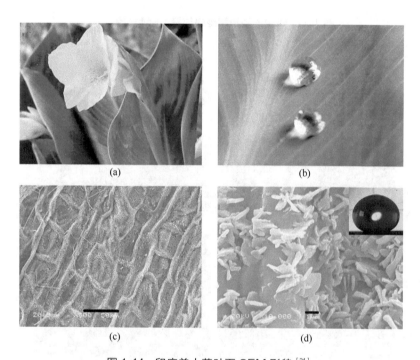

(a)　　　　　　　　　　　　　　(b)

(c)　　　　　　　　　　　　　　(d)

图 1.14　印度美人蕉叶面 SEM 形貌[31]

注：图（a）（b）展示了印度美人蕉及水滴在美人蕉叶面上的状态；图（c）（d）展示了不同尺度下美人蕉
叶面 SEM 形貌，其中图（d）水滴在美人蕉叶面接触角可达 165°±2°，显示出良好的超疏水特性

特殊浸润性表面的
开发制备与性能研究

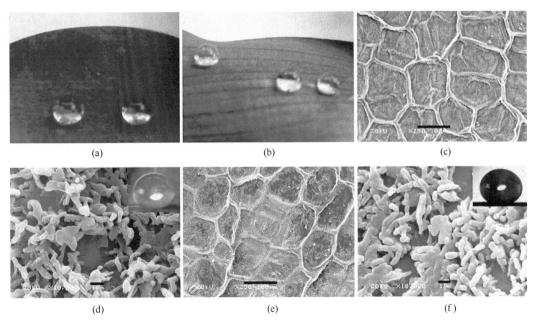

图 1.15 紫竹梅 SEM 形貌[31]

注：图（a）（b）展示了水滴在紫竹梅叶正面和背面的状态；图（c）（d）和图（e）（f）分别代
表不同尺度下紫竹梅叶正面和背面 SEM 形貌，其中图（d）（f）中水滴在紫竹叶正面和背面
上的接触角可达 $167°\pm2°$ 和 $165°\pm2°$，显示出良好的超疏水特性

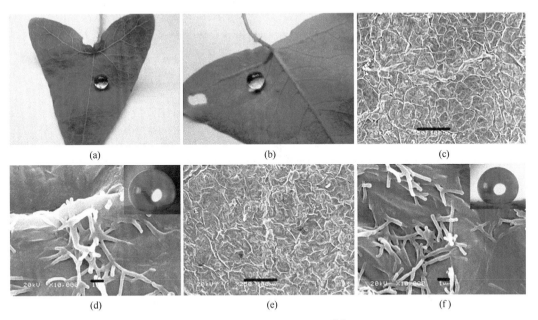

图 1.16 杠板归 SEM 形貌[31]

注：图（a）（b）展示了水滴在杠板归叶片正面和背面的状态；图（c）（d）和图（e）（f）分别代表不同尺
度下杠板归叶片正面和背面 SEM 形貌，其中图（d）（f）中水滴在杠板归叶片正面和背面上的
接触角可达 $162°\pm2°$ 和 $163°\pm2°$，显示出良好的超疏水特性

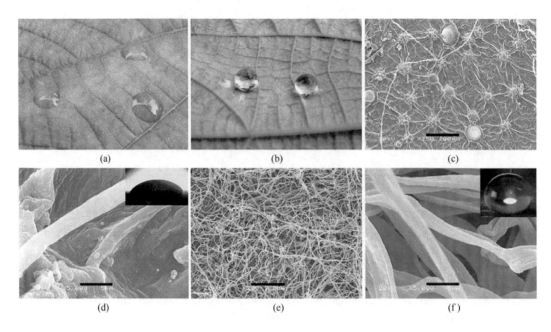

图 1.17 苎麻表面 SEM 形貌[31]

注：图（a）（b）展示了水滴在苎麻叶片正面和背面的状态；图（c）（d）和图（e）（f）分别代表不同尺度
下苎麻叶片正面和背面 SEM 形貌，其中图（d）（f）分别展示了水滴在苎麻叶片正面和背面上
的接触角为 38°±2° 和 164°±2°，显示它们分别呈现亲水和超疏水特性

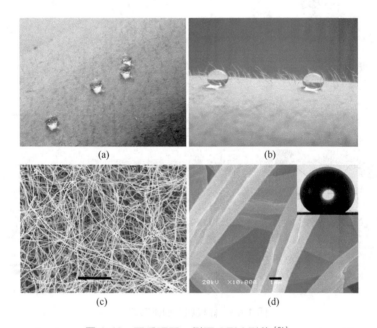

图 1.18 西瓜顶面、侧面 SEM 形貌[31]

注：图（a）（b）展示了水滴在一种中国西瓜表面的俯视和侧视状态；图（c）（d）代表不同尺度下西瓜表面
SEM 形貌，其中图（d）展示了水滴在其表面的接触角为 159°±2°，显示出良好的超疏水特性

特殊浸润性表面的
开发制备与性能研究

1.3
超疏水表面制备方法

对自然界超疏水表面的研究启示我们，依据自然生物界存在的超疏水表面结构特征，通过仿生可以实现其结构与性能的完美统一。依据荷叶效应，超疏水表面的制备可以通过两种途径获得[44]：一是在低表面能物质（即疏水性材料）上构建微细结构；二是在具有微细结构的表面上修饰低表面能物质。由此可见，制备超疏水表面的重点是有效地构筑粗糙的表面结构以及进行表面化学修饰。自从日本 Kao 公司的科研人员首次人工制备出接触角达到 174°的超疏水表面[45] 以来，超疏水表面的制备技术不断被报道。近年来，超疏水表面的制备技术主要包括以下方法。

1.3.1　刻蚀法

刻蚀是构造具有微细结构表面常见的一种工艺方法，包括离子刻蚀、化学刻蚀、机械刻蚀、光刻等。

Lim 等[46] 基于离子刻蚀技术采用甲烷和氢气的混合离子在玻璃基底上制造出具有纳米级塔状突起的表面微结构，对该表面进行氟化硅烷修饰后形成了具有良好光学透明性的超疏水表面，如图 1.19 所示。

Sarkar 等[47] 利用氟碳聚合物修饰经化学刻蚀具有微细结构的铝合金基底表面，制备出接触角可达 164°的超疏水表面。Pozzato 等[48] 利用有机硅烷修饰经纳米压印光刻和化学刻蚀处理过的硅片表面，制备出接触角可达 167°的超疏水表面。Berendsen 等[49] 利用定制激光的干涉光刻和电镀过程对热塑性聚合材料进行表面纹理构造，再用氟碳聚

图 1.19　玻璃基底纳米微结构 SEM 形貌[46]

合层进行表面修饰，研究表明，最大纵横比的试样表面疏水性最好，可以达到 170°。Luo 等[50] 采用机械刻蚀工艺处理经抛光后的不锈钢表面，从而构造出具有微细结构的表面，对该表面进行氟碳聚合物沉积修饰，通过调控沉积过程的温度和时间在表面上生成类似于纤维状的表面粗糙结构，测得该表面的接触角最大可达 169°。Yoshimitsu 等[51] 和 Bico 等[52] 分别利用机械刻蚀工艺和模板刻蚀工艺在硅片表面构造出具有微米级粗糙结构的规则图案，这些表面经氟化硅烷修饰后，其接触角均呈现明显增大的趋势，得到接触角超过 150°的超疏水表面。Chen 等[53] 利用等离子体处理双层聚苯乙烯纳米阵列，经十八硫醇修饰后得到接触角超过 170°的超疏水表面。Öner 等[54] 利用光

刻法在硅片表面制备出一系列具有规则图案阵列的表面微结构，再经硅烷试剂进行表面处理后得到超疏水硅表面，如图 1.20 所示。

图 1.20　刻蚀硅表面微观形貌[54]

　　Barbara 等[55] 利用等离子技术加工聚二甲基硅氧烷（PDMS）表面，使其成为具有微/纳米多级结构的粗糙表面，该表面接触角达到 170°。Givenchy 等[56] 利用化学刻蚀处理 PDMS，得到粗糙微细表面，再将其与全氟分子膜结合，构造出超疏水表面，其接触角可达 160°。Jose 等[57] 利用等离子刻蚀和光刻对 SU-8 胶体进行表面纹理加工，构造出具有微/纳米多级粗糙度的超疏水表面，其接触角可以达到 160°。

1.3.2　沉积法

　　沉积法是一种简单、高效、廉价且不受基底形状限制的制备粗糙表面结构的有效工艺，近年来在材料学和其它领域获得了广泛应用。

　　Crick 等[58] 利用气溶胶辅助化学气相沉积（AACVD）技术实现对商用树脂的三种聚合物薄膜的构建，通过在不同温度下的三种基底上用气溶胶辅助沉积过程制备出具有疏水和超疏水表面，其最大接触角可以达到 170°，如图 1.21 所示。

　　Gupta 等[59] 利用脉冲电沉积技术在具有分级粗糙度结构的硅表面上制备聚四氟乙烯（PTFE）薄膜，测得其接触角可以达到 166°。Sarkar 等[60] 利用离子增强化学气相沉积技术制备出烃和氟化烃的涂层，将其分别沉积到具有微/纳米多级粗糙结构的铝基底和光滑硅基底上，结果表明，粗糙铝基底上的接触角远大于光滑硅基底上的接触角，且达到超疏水。Song 等[61] 在抛光处

图 1.21　AACVD 制备的膜层形貌[58]

理过的 1045 钢表面沉积经超声搅拌的聚醚醚酮（PTFE）/PTFE 的混合物（质量比1∶3），在不同的温度下沉积此混合物得到不同微细表面结构的沉积层，研究表明此表面具有超疏水性且在中性环境下具有较强的化学稳定性；Hou 等[62] 利用一种滤纸作

特殊浸润性表面的
开发制备与性能研究

为 PTFE 的沉积模板，从而使沉积形成的 PTFE 表面具有典型的荷叶乳突状粗糙结构，之后再将其浸润到不同的溶液（98％的浓硫酸、5mol/L 氢氧化钠、对二甲苯和四氢呋喃）中分别进行固化处理，研究表明此法制备的试样表面均可达到超疏水状态且具有较强的稳定性。Xu 等[63] 利用聚甲基丙烯酸甲酯（PMMA）与银硫醇的混合物喷射沉积在玻璃基底上，使沉积层具有多级粗糙度的表面微细结构，从而制备出具有超疏水性的表面，研究表明，该混合物制备的表面疏水性远大于由 PMMA 单独制备得到的表面，且此种方法制备的超疏水材料具有吸收紫外线的作用。Li 等[64] 利用化学气相沉积法在石英基底上制备出类似蜂巢状的碳纳米管阵列膜层，研究表明此类膜层表面对水接触角大于 160°且具有较小的滚动接触角，研究认为微/纳米结构相组合形成的阶层排列是产生高接触角、小滚动角的原因。Lau 等[65] 利用 PECVD 法制备了密布有序排布的碳纳米管阵列，再利用热丝化学气相沉积（HFCVD）过程在该阵列表面修饰 PTFE，得到性能稳固的超疏水性表面。基于微波等离子体增强化学气相沉积（MWPECVD）法，Hozumi 等[66] 制备出由四甲基硅烷（TMS）和氟化硅烷的混合物生成的超疏水薄膜，其最大接触角在 160°以上。Tavana 等[67] 利用物理气相沉积（PVD）技术制备出正三十六烷超疏水表面。研究表明，该表面稳固的超疏水性源于其上随机分布的微/纳复合结构和自身低表面能，使其具有高接触角和低滚动角。

1.3.3 电纺

电纺（electrospinning，也称为静电纺丝）是近年来发展起来的一种制备微/纳米级纤维的新工艺，它是将聚合物溶液或熔体置于高压静电场中，带电的聚合物液滴在电场库仑力的作用下被拉伸形成喷射细流，细流经喷射落在基板上形成微/纳米纤维膜。

Kang 等[68] 利用电纺技术使用聚苯乙烯纤维构造出具有疏水性的聚苯乙烯织物膜层，研究表明通过此方法制备的织物膜层的接触角大小与制备电纺纤维的溶液相关，当溶剂为二甲基甲酰胺且浓度为 35％时，制备得到的膜层接触角最大，达到 154°。Chen 等[69] 利用电纺技术使用不同的纤维制备出四种具有疏水性的纤维膜（如图 1.22 所示），研究表明利用聚偏氟乙烯（PVDF）或接枝聚偏氟乙烯（SFPVDF）单独制备的平板膜，其接触角小于 150°；而利用它们与三乙氧基硅烷（PFOTES）的混合物分别制备得到的平板膜接触角均大于 150°。

Ma 等[70-71] 采用电纺技术分别制备得到直径为 150～400nm 和 600～2200nm 的立体网状结构，所得表面均可达到超疏水。Jiang 等[72] 利用电纺技术，以 PS 为原料，制备出由多孔微球与纳米纤维构成的复合超疏水表面，通过纳米纤维交织组成三维网络结构，使多孔微球嵌入此结构中，有效增强了该膜层稳定性。Zhao 等[73] 利用电纺技术调控制备过程中微流管道数量、管径和乳液成分，得到微结构可控的仿生超疏水表面。

(a) 聚偏氟乙烯   (b) 接枝聚偏氟乙烯

(c) 聚偏氟乙烯／三乙氧基硅烷共混物   (d) 接枝聚偏氟乙烯／三乙氧基硅烷共混物

图 1.22 基于电纺技术制备的膜层形貌[69]

1.3.4 溶胶-凝胶技术

溶胶-凝胶（sol-gel）法是将化学活性高的化合物进行水解后得到的溶胶发生缩合反应，生成的凝胶在干燥以后会留下微/纳米孔状结构，使其具有超疏水性的一种制备方法。

Sanjay 等[74] 利用溶胶-凝胶法将甲基三乙氧基硅烷（MTES）和多孔硅薄膜在玻璃基底上制备成接触角达到 160°的超疏水表面。研究表明，此种方法制备的超疏水薄膜具有透明、贴壁、热稳定性良好和抗潮湿特性。Bae 等[75] 利用溶胶-凝胶法制备出带有乙烯官能团的疏水性二氧化硅颗粒，经过紫外照射接枝反应后制得的聚乳酸织物具有超疏水性（如图 1.23 所示）。

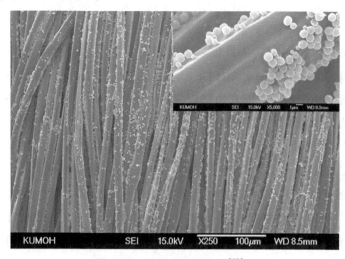

图 1.23 聚乳酸织物形貌[75]

Tadanaga 等[76-78] 利用溶胶-凝胶法在玻璃基底上制备了氧化铝凝胶膜层，对其进行沸水浸泡粗糙化处理，可在较短时间（30s）内获得具有花状结构的多孔氧化铝膜层，再经氟化硅烷修饰后可以获得接触角超过 164°的超疏水透明膜层。Shirtcliffe 等[79] 利用溶胶-凝胶在相分离过程制备了有机硅泡沫状超疏水表面。Yamanaka 等[80] 基于溶胶-凝胶技术在玻璃基底上使全氟烷基有机凝胶聚集成纤维状结构，从而构筑超疏水表面。Rao 等[81] 将甲基三甲氧基硅烷（MTMS）、氨水、甲醇按一定比例混合后密闭高压闪蒸处理，使 MTMS 之间发生脱水缩合交联反应，从而在基板上生成超疏水二氧化硅气凝胶，其接触角可达 173°。Han 等[82] 以一种具有四层氢键的超分子有机硅烷为主反应原料，利用溶胶-凝胶过程制备超疏水表面，通过在实验中添加 PMDS 建立类似荷叶的微/纳二元结构，来增大试样表面接触角。Hoefnagels 等[83] 利用 PDMS、四乙氧基硅（TEOS）和 3-氨基丙基三乙氧基硅烷（APS）的混合物作为水解本体，采用溶胶-凝胶技术在棉织物表面制备得到接触角大于 165°，滚动角小于 3°（10μL）的超疏水表面。

1.3.5 层层组装技术

层层组装技术（layer-by-layer，LBL），也称交替沉积技术，是指利用静电作用、氢键结合和配位键结合等作用通过分层沉积构造膜层的技术。

Zhang 等[84] 利用 LBL 技术将聚电解质复合物和游离聚电解质聚合物沉积制备出具有分级粗糙结构的聚合物涂层，在此涂层上进行化学气相沉积氟代膜后得到超疏水表面（如图 1.24 所示）。

Chunder 等[85] 利用 LBL 技术在玻璃基底上沉积纳米颗粒和聚烯丙基胺盐酸盐，使其具有表面微细结构后再沉积聚异丙基丙烯酰胺的膜层。研究表明，此试样在其所处的环境温

图 1.24　利用层层组装技术制备的聚合物涂层形貌[84]

度变化时会出现疏水/亲水，甚至是超疏水/超亲水的转化，从而可以实现对试样浸润性的调控，如图 1.25 所示。

Zhang 等[86] 利用 LBL 技术先在 IOT 电极上形成聚电解质膜层，再利用电化学沉积技术在其上生成具有类花菜状的纳米金簇团，通过在该层上吸附自组装十二烷基硫醇单层膜制备得到超疏水薄膜。Zhai 等[87] 利用 LBL 制备出稳定的超疏水表面，其制备过程为先在制备得到的多孔聚电解质多层膜表面沉积二氧化硅纳米粒子，然后利用 CVD 技术在该表面上修饰氟化硅烷，研究表明，该表面在潮湿的环境下依然可以较长时间保持高疏水性。Ji 等[88] 将涂覆有 3-氨基三乙氧基硅烷的基底分别浸入到聚丙烯酸

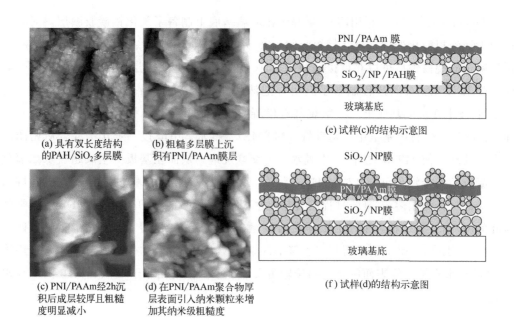

(a) 具有双长度结构
的PAH/SiO₂多层膜

(b) 粗糙多层膜上沉
积有PNI/PAAm膜层

(c) PNI/PAAm经2h沉
积后成层较厚且粗糙
度明显减小

(d) 在PNI/PAAm聚合物厚
层表面引入纳米颗粒来增
加其纳米级粗糙度

(e) 试样(c)的结构示意图

(f) 试样(d)的结构示意图

图 1.25　沉积膜层原子力镜像和 LBL 成膜示意图[85]

和聚乙烯亚胺的聚电解质中，多次循环，利用 LBL 成膜技术制备得到氟化性能得到增强的超疏水表面，该制备过程能够诱使膜层表面生成微纳米多级粗糙结构，其表现出170°以上的接触角和 6.5°的滚动角。

1.3.6　模板法

模板法是以模板为主体型构，通过控制、影响和调节材料形貌尺寸来获得超疏水表面的一种制备工艺。

金美花等[89]以多孔氧化铝为模板，采用模板覆盖法制备出阵列聚甲基丙烯酸甲酯（PMMA）纳米柱薄膜，该膜表面具有超疏水性，此制备过程操作简单，聚合物纳米柱的直径和长度可通过控制溶液浸润技术使其以自生长方式生成。Feng 等[90]采用模板方法制备出直径 100nm 的聚丙烯腈（PAN）纳米纤维阵列，研究表明这种纳米纤维阵列表面对水接触角达到 173°。Guo 等[91]利用多孔氧化铝的滚筒对温度处于 150～170℃的聚碳酸酯薄膜进行膜印，可大面积制备超疏水薄膜，其膜层结构如图 1.26所示。

Feng 等[92]利用聚合物聚乙烯醇（PVA）通过模板法制备得到纳米纤维阵列表面，光滑 PVA 对水接触角只有 70°左右，经模板法制备的纤维阵列呈现 170°的对水接触角，且对强酸、强碱性水溶液都表现出超疏性，分析认为，PVA 表面在具备纳米针形结构后，表面链段发生重排，亲水性羟基被疏水性碳链包覆，从而表现出超疏水性。

Chen 等[93]利用模板法将溶液通过氧化铝模板制备出直径在 150nm 的 ε-聚己内酯纤维，将其经甲醇修饰后制备得到超疏水表面，其表面形貌如图 1.27所示。

特殊浸润性表面的
开发制备与性能研究

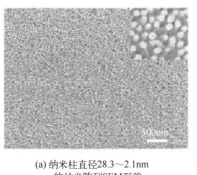

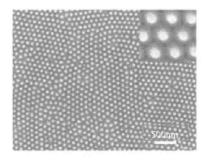

(a) 纳米柱直径28.3~2.1nm
的纳米阵列SEM形貌

(b) 纳米柱直径49.3~1.2nm
的纳米阵列SEM形貌

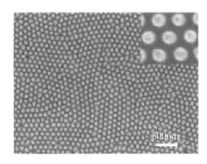

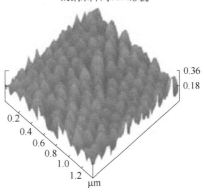

(c) 纳米柱直径82.8~1.5nm
的纳米阵列SEM形貌

(d) 纳米柱直径82.8~1.5nm 的纳米阵
列在1.3μm×1.3μm内的AFM形貌

图 1.26　聚碳酸酯薄膜 SEM 形貌和 AFM 形貌[91]

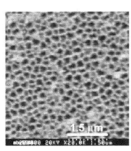

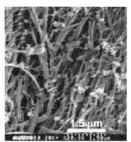

(a) 氧化铝模板

(b) 不同条件下获得
的聚己内酯纤维

(c) 不同条件下获得
的聚己内酯纤维

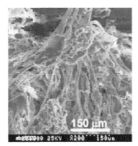

(d) 不同条件下获得
的聚己内酯纤维

(e) 未经甲醇修饰

(f) 无模板

图 1.27　氧化铝模板和不同条件下获得的聚己内酯纤维形貌[93]

1.3.7 其它方法

除上述几种工艺外，还有其它的制备工艺。

Zhang 等[94] 利用溶液浸润技术使铜基底上以自生长方式生成具有多级粗糙结构的 CuO 和 Cu₂S 的纳米颗粒表面，从而制备出接触角可达 166°的超疏水表面，其表面形貌如图 1.28 所示。

(a) 两种尺度下CuO类花分级3D结构FESEM形貌(1)

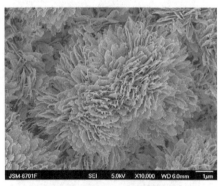
(b) 两种尺度下CuO类花分级3D结构FESEM形貌(2)

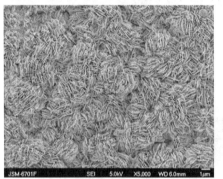
(c) CuO/Cu₂S共混物在铜表面上的立体FESEM形貌(1)

(d) CuO/Cu₂S共混物在铜表面上的立体FESEM形貌(2)

图 1.28　铜表面微观形貌图[94]

Wei 等[95] 利用相分离技术使聚合物薄膜生成类似于荷叶乳突状微细结构，得到超疏水表面，研究表明，接触角与聚合物的表面微细结构直接相关，且该结构可由相分离溶液的浓度加以控制。

Xu 等[96] 利用 SiO₂ 纳米颗粒和 ZnO 的纳米棒构造具有表面粗糙结构的基底，将其浸润到十二烷基三甲氧基硅烷（DTMS）中进行表面修饰，测得其接触角均大于 150°。

Zhang 等[97] 利用喷砂技术和溶液浸泡处理铜基底表面后，构造出具有微/纳米分级粗糙度的表面，经氟硅烷处理后得到接触角超过 160°的超疏水表面，研究表明，采用两种工艺处理后的表面疏水性远大于单个工艺（喷砂处理或溶液浸泡处理）处理过的表面。

Li 等[98] 利用紫外照射构造出含氟三嵌段叠氮共聚物的织物状表面结构，研究表明其接触角可达 155°，且具有自清洁能力和很好的化学稳定性。

Meng 等[99] 利用含氟聚合物溶液处理过的多壁面碳纳米管在玻璃基底上构造具有透明、导热的超疏水性膜层，研究表明，该超疏水表面是由多壁面碳纳米管的几何结构和低表面能物质含氟聚合物共同作用的结果。

1.4
研究内容

通过以上综述可以得出，伴随着材料加工制备与结构分析表征技术的日益发展，对超疏水表面的研究从理论到实践都取得了突破性进展。通过对材料进行表面改性处理使之具有超疏水性，可以赋予材料更多的功能特性。

镁合金具有比强度高、比刚度高、热疲劳性能好、良好的生物相容性、电磁屏蔽性能优异、抗振性好和可回收等优点，广泛应用在建筑、航空航天、交通运输、微电子等诸多领域。本文通过激光加工、溶液刻蚀、微弧氧化等几种制备技术对镁合金基底构建微观粗糙结构，再利用低表面能物质进行化学修饰，得到超疏水性镁合金表面。通过选择不同的试验工艺可以"仿生"出具有微/纳米结构的超疏水性表面，为拓展镁合金作为功能材料的实际应用提供了理论依据与技术支持。此外，本文还对硅、玻璃基底超疏水表面的制备进行了研究。

本文第2章对浸润性理论进行了整理和归纳，着重探讨了固体表面浸润性和表面状态的相关性，梳理了表面浸润状态的力学和表面特性，为特殊浸润性的开发设计提供借鉴。

本文第3章研究了基于精密可控技术——激光加工在镁合金基底上构造具有特定结构的表面，再通过自组装技术进行表面修饰获得超疏水表面，研究了具有规则形貌结构的改性表面与接触角之间的关系，通过建立数学模型对超疏水表面的浸润状态进行分析。依此工艺，亦制备出硅基底超疏水表面。

基于铝镁合金优良的力学性能以及广泛的用途，本文第4章采用溶液浸泡刻蚀和自组装技术，实现了具有显著黏附力差异的铝镁合金基底超疏水表面的制备，并分析了超疏水表面黏附力的差异源于水滴在具有不同形貌结构表面所处状态不同的机制，为制备具有特殊黏附力的超疏水铝镁合金表面提供了一种新思路。

本文第5章采用微弧氧化-自组装技术在镁合金表面成功制备出疏水/超疏水表面。通过摩擦磨损测试，分析了制备表面的微摩擦学特性，为镁合金摩擦学特性的改善提供参考。

为了克服镁合金耐蚀性差的不足，同时发展适合工业大面积生产的超疏水表面制备工艺，本文第6章采用微弧氧化与纳米颗粒相结合的工艺，制备了具有稳固超疏水性能的镁合金表面。研究表明，通过微弧氧化与纳米颗粒相结合不仅实现了镁合金表面超疏水功能改性，而且可显著提高镁合金基底的耐蚀性。

第 7 章利用激光刻蚀工艺分别与沉积法、提拉法相结合对 TC4 钛合金、TA2 纯钛、6061 铝合金、AZ31B 镁合金四种常用的轻金属材料为基底，以点阵、切圆、直线和网格为基底形貌特征，对于同一种形貌设置了不同参数，特别地对于直线和网格图形选用了两种不同的加工方法，制备出了一系列特殊浸润性表面，并分别对其进行了浸润特性研究、表面的微观形貌研究、表面成分测定以及自清洁性研究。

第 8 章以玻璃为基底进行超疏水表面构建，利用纳米 SiO_2 颗粒制备了单分散纳米 SiO_2 疏水表面，结合环氧树脂制备了环氧树脂/ SiO_2 复合表面，成功制备了具有高疏水性和透光性好的玻璃基底镀层。

第 9 章进行了总结与展望。

参 考 文 献

［1］ Thünemann A F，Schnoöller U，Nuyken O，et al. Diazosulfonate polymer complexes：Structure and wettability［J］. Macromolecules，2000，33（15）：5665-5671.

［2］ Nakajima A，Hashimoto K，Watanabe T，et al. Recent studies on super-hydrophobic films［J］. Chem.，2001，132：31-41.

［3］ Crevoisier G，Fabre P，Corpart J，et al. Switchable tackiness and wettability of a liquid crystalline polymer［J］. Science，1999，285（5431）：1246-1249.

［4］ Mahadevan L. Non-stick water［J］. Nature，2001，411：895-896.

［5］ Cottin-Bizon C，Barrat J L，Bocquet L，et al. Low-friction flows of liquid at nanopatterned interfaces［J］. Nature Material Letters，2003，2（4）：237-240.

［6］ Quéré D，Lafuma A，Bico J. Slippy and sticky microtextured solids［J］. Nanotechnology，2003，14：1109-1112.

［7］ Feng X，Jiang L. Design and creation of superwetting/antiwetting surfaces［J］. Adv. Mater，2006，18：3063-3078.

［8］ Guo Z，Zhou F，Hao J，et al. Stable biomimetic super-hydrophobic engineering materials［J］. J. Am. Chem. Soc.，2005，127（45）：15670-15671.

［9］ Zhai L，Cebeci F C，Cohen R E，et al. Stable superhydrophobic coatings from polyelectrolyte multilayers［J］. NanoLett.，2004，4（7）：1349-1349.

［10］ Truesdell R，Mammoli A，Vorobieff P，et al. Drag reduction on a patterned superhydrophobic surface［J］. Phys. Rev. Lett.，2006，97：044504-044507.

［11］ Gogte S，Vorobieff P，Truesdell R，et al. Effective slip on textured superhydrophobic surfaces［J］. Physics of Fluids，2005，17：051701-051704.

［12］ Rothstein J P. Slip on superhydrophobic surfaces［J］. Annual Review of Fluid Mechanics，2010，42：89-109.

［13］ Ohmae N. Humidity effects on tribology of advanced carbon material［J］. Tribology international，2006，39（12）：1497-1502.

［14］ Blossey R. Self-cleaning surfaces—virtual realities［J］. Nat. Mater.，2003，2：301-306.

［15］ Erbil H Y，Demirel A L，Avci Y，et al. Transformation of a simple plastic into a superhydrophobic surface［J］. Science，2003，299（5611）：1377-1380.

［16］ Khorasani N T，Mirzadeh H. In vitro blood compatibility of modified PDMS surfaces as superhydrophobic and superhydrophilic materials [J]. J. Appl. Polymer. Sci., 2004, 91: 2042-2047.

[17] Romig A D, Dugger M T, McWhorter P J. Materials issues in microelectromechanical devices: science, engineering, manufacturability and reliability [J]. Acta Materialia, 2003, 51 (19): 5837-5866.

[18] Bhushan B. Nanotribology and nanomechanics of MEMS/NEMS and BioMEMS/BioNEMS materials and devices [J]. Microelectronic Engineering, 2007, 84 (3): 387-412.

[19] Genzer J, Efimenko K. Recent developments in superhydrophobic surfaces and their relevance to marine fouling: a review [J]. Biofouling, 2006: 22 (5): 339-360.

[20] Barthlott W, Neinhuis C. Purity of the sacred lotus, or escape from contamination in biological surfaces [J]. Planta, 1997, 202: 1-8.

[21] Neinhuis C, Barthlott W. Characterization and distribution of water-repellent, self-cleaning plant surfaces [J]. Ann. Bot., 1997, 79: 667-677.

[22] Feng L, Li S, Li Y, et al. Super-hydrophobic surfaces: from natural to artificial [J]. Advanced Materials, 2002, 14 (24): 1857-1860.

[23] Wagner P, Furstner R, Barthlott W, et al. Quantitative assessment to the structural basis of water repellency in natural and technical surfaces [J]. J. Exp. Bot., 2003, 54: 1295-1303.

[24] Bhushan B, Jung Y C. Micro and nanoscale characterization of hydrophobic and hydrophilic leaf surface [J]. Nanotechnology, 2006, 17: 2758-2772.

[25] Burton Z, Bhushan B. Surface characterization and adhesion and friction properties of hydrophobic leaf surfaces [J]. Ultramicroscopy, 2006, 106: 709-719.

[26] Bhushan B, Jung Y C, Koch K. Micro-, nano-and hierarchical structures for superhydrophobicity, self-cleaning and low adhesion [J]. Phil. Trans. R. Soc. A, 2009, 367: 1631-1672.

[27] Koch K, Bhushan B, Barthlott W. Diversity of structure, morphology, and wetting of plant surfaces [J]. Soft Matter., 2008, 4: 1943-1963.

[28] Koch K, Bhushan B, Barthlott W. Multifunctional surface structures of plants: an inspiration for biomimetics [J]. Prog. Mater. Sci., 2009, 54: 137-178.

[29] Nosonovsky M, Bhushan B. Multiscale friction mechanisms and hierarchical surfaces in nano-and bio-tribology [J]. Mater. Sci. Eng. R, 2007, 58: 162-193.

[30] Bhushan B, Jung Y C. Wetting, adhesion and friction of superhydrophobic and hydrophilic leaves and fabricated micro/nanopatterned surfaces [J]. J. Phys. Condens. Matter., 2008, 20: 225010.

[31] Guo Z, Liu W. Biomimic from the superhydrophobic plant leaves in nature: Binary structure and unitary structure [J]. Plant science, 2007, 172 (6): 1103-1112.

[32] Zhu D, Li X, Zhang G, et al. Mimicking the rice leaf: from ordered binary structures to anisotropic wettability [J]. Langmuir, 2010, 26 (17): 14276-14283.

[33] Wu D, Wang J, Wu S, et al. Three-level biomimetic rice-leaf surfaces with controllable anisotropic sliding [J]. Advanced Functional Materials, 2011, 21 (15): 2927-2932.

[34] Gao X, Jiang L. Biophysics: water-repellent legs of water striders [J]. Nature, 2004, 432 (4): 36-36.

[35] Wang Q, Yang X, Shang G, et al. Modeling and analysis of the supporting force of water strider's legs [J]. Applied Mechanics and Materials, 2011, 138-139: 356-361.

[36] Feng X, Gao X, Wu Z, et al. Superior water repellency of water striderlegs with hierarchical structures: experiments and analysis [J]. Langmuir, 2007, 23 (9): 4892-4896.

[37] Autumn K, Liang YA, Hsieh ST, et al. Adhesive force of a single gecko foot-hair [J]. Nature, 2000, 405: 681-685.

[38] Autumn K, Sitti M, Liang YA, et al. Evidence for van der Waals adhesion in gecko setae [J].

Proc. Natl. Acad. Sci., 2002, 99: 12252-12256.

[39] Liu K, Du J, Wu J, et al. Superhydrophobic gecko feet with high adhesive forces towards water- and their bio-inspired materials [J]. Nanoscale, 2012, 4: 768-772.

[40] Feng L, Zhang Y, Xi J, et al. Petal effect: A superhydrophobic state with high adhesive force [J]. Langmuir, 2008, 24: 4114-4119.

[41] Lee W, Jin M K, Yoo W C, et al. Nanostructuring of a polymeric substrate with well-defined nanometer-scale topography and tailored surface wettability [J]. Langmuir, 2004, 20: 7665-7669.

[42] Cong Q, Chen G, Fang Y, et al. Superhydrophobic characteristies butterfly wing surface [J]. Journal of Bionics Engineering, 2004, 1 (4): 249-255.

[43] Gao X, Yan X, Yao X, et al. The dry-style antifogging properties of mosquito compound eyes and artificial analogues prepared by soft lithography [J]. Adv. Mater., 2007, 19: 2213-2217.

[44] Ma M, Hill R M. Superhydrophobic surfaces [J]. Current Opinion in Colloid & Interface Science, 2006, 11 (4): 193-202.

[45] Onda T, Shibuichi S, Satoh N, et al. Super-water-repellent fractal surfaces [J]. Langmuir, 1996, 12 (9): 2125-2127.

[46] Lim H, Jung D, Noh J, et al. Simple nanofabrication of a superhydrophobic and transparent bio-mimetic surface [J]. Chinese Science Bulletin, 2009, 54 (19): 3613-3616.

[47] Sarkar D K, Farzaneh M, Paynter R W. Superhydrophobic properties of ultrathin rf-sputtered Teflon films coated etched aluminum surfaces [J]. Materials Letters, 2008, 62 (8-9): 1226-1229.

[48] Pozzato A, Zilio S D, Fois G, et al. Superhydrophobic surfaces fabricated by nanoimprint lithography [J]. Microelectronic Engineering, 2006, 83 (4-9): 884-888.

[49] Berendsen C, Škereň M, Najdek D, et al. Superhydrophobic surface structures in thermoplastic polymers by interference lithography and thermal imprinting [J]. Applied Surface Science, 2009, 255 (23): 9305-9310.

[50] Luo Z, Zhang Z, Wang W, et al. Various curing conditions for controlling PTFE micro/nano-fiber texture of a bionic superhydrophobic coating surface [J]. Materials Chemistry and Physics, 2010, 119 (1-2): 40-47.

[51] Yoshimitsu Z, Nakajima A, Watanabe T, et al. Effects of surface structure on the hydrophobicity and sliding behavior of water droplets [J]. Langmuir, 2002, 18 (15): 5818-5822.

[52] Bico J, Marzolin C, Quéré D. Pearl drops [J]. Europhys. Lett., 1999, 47 (2): 220-226.

[53] Shiu J, Kuo C, Chen P, et al. Fabrication of tunable superhydrophobic surfaces by nanosphere lithography [J]. Chem. Mater., 2004, 16 (4): 561-564.

[54] Öner D, McCarthy T J. Ultrahydrophobic surfaces effects of topography length scales on wettability [J]. Langmuir, 2000, 16 (20): 7777-7782.

[55] Cortese B, D'Amone S, Manca M, et al. Superhydrophobicity due to the hierarchical scale roughness of PDMS surfaces [J]. Langmuir, 2008, 24 (6): 2712-2718.

[56] Givenchy E T, Amigoni S, Martin C, et al. Fabrication of superhydrophobic PDMS surfaces by

combining acidic treatment and perfluorinated monolayers [J]. Langmuir, 2009, 25 (11): 6448-6453.

[57] Marquez J, Vlachopoulou M, Tserepi A, et al. Superhydrophobic surfaces induced by dual-scale topography on SU-8 [J]. Microelectronic Engineering, 2010, 87 (5-8): 782-785.

[58] Crick C R , Parkin I P. Superhydrophobic polymer films via aerosol assisted deposition-Taking a leaf out of nature's book [J]. Thin Solid Films, 2010, 518 (15): 4328-4335.

[59] Gupta S, Arjunan A, Deshpande S, et al. Superhydrophobic polytetrafluoroethylene thin films with hierarchical roughness deposited using a single step vapor phase technique [J]. Thin Solid Films, 2009, 517 (16): 4555-4559.

[60] Sarkar D K, Farzaneh M, Paynter R W. Wetting and superhydrophobic properties of PECVD grown hydrocarbon and fluorinated-hydrocarbon coatings [J]. Applied Surface Science, 2010, 256 (11): 3698-3701.

[61] Song H, Zhang Z, Men X. Superhydrophobic PEEK/PTFE composite [J]. Applied Physics A: Materials Science & Processing, 2008, 91 (1): 73-76.

[62] Weixin Hou, Qihua Wang. Stable polytetrafluoroethylene superhydrophobic surface with lotus-leaf structure [J]. Journal of Colloid and Interface Science, 2009, 333 (1): 400-403.

[63] Xu X, Zhang Z, Yang J. Study on the superhydrophobic poly (methyl methacrylate) /silver thiolate composite coating with absorption of UVA light [J]. Colloids and Surfaces A: Physicochemical and Engineering Aspects, 2010, 355 (1-3): 163-166.

[64] Li S H , Li H J, Wang X B, et al. Super-hydrophobicity of large-area honeycomb-like aligned carbon nanotubes [J]. J. Phys. Chem. B, 2002, 106 (36): 9274-9276.

[65] Lau K K S, Bico J, Kenneth B K, et al. Superhydrophobic carbon nanotube forests [J]. Nano Letters, 2003, 3 (12): 1701-1705.

[66] Hozumi A, Takai O. Preparation of ultra water-repellent films by microwave plasma-enhanced CVD [J]. Thin Solid Films, 1997, 303, (1-2): 222-225.

[67] Tavana H, Amirfazli A, Neumann A W. Fabrication of superhydrophobic surfaces of n-hexatriacontane [J]. Langmuir, 2006, 22 (13): 5556-5559.

[68] Minsung Kang, Rira Jung, Hun-Sik Kim, et al. Preparation of superhydrophobic polystyrene membranes by electrospinning [J]. Colloids and Surfaces A: Physicochemical and Engineering Aspects, 2008, 313-314: 411-414.

[69] Yingbo Chen, Hern Kim. Preparation of superhydrophobic membranes by electrospinning of fluorinated silane functionalized poly (vinylidene fluoride) [J]. Applied Surface Science, 2009, 255 (15): 7073-7077.

[70] Ma M, Hill R M, Lowery J L, et al. Electrospun poly (styrene-block-dimethylsiloxane) block copolymer fibers exhibiting superhydrophobicity [J]. Langmuir, 2005, 21 (12): 5549-5554.

[71] Ma M, Mao Y, Gupta M, et al. Superhydrophobic fabrics produced by electrospinning and chemical vapor deposition [J]. Macromolecules, 2005, 38 (23): 9742-9748.

[72] Jiang L, Zhao Y, Zhai J. A lotus-leaf-like superhydrophobic surface: A porous microsphere/ nanofiber composite film prepared by electrohydrodynamics [J]. Angew. Chem. Int. Ed.,

2004, 43 (33): 4338-4341.

[73] Zhao Y, Cao X, Jiang L. Bio-mimic multichannel microtubes by a facile method [J]. J. Am. Chem. Soc., 2007, 129 (4): 764-765.

[74] Latthe S S, Imai H, Ganesan V, et al. Porous superhydrophobic silica films by sol-gel process [J]. Microporous and Mesoporous Materials, 2010, 130 (1-3): 115-121.

[75] Bae G Y, Jang J, Jeong YG, et al. Superhydrophobic PLA fabrics prepared by UV photo-grafting of hydrophobic silica particles possessing vinyl groups [J]. Journal of Colloid and Interface Science, 2010, 344 (2): 584-587.

[76] Tadanaga K, Katata N, Minami T. Formation process of super-water-repellent Al_2O_3 coating films with high transparency by the sol-gel method [J]. Journal of the American Ceramic Society, 1997, 80 (12): 3213-3216.

[77] Tadanaga K, Katata N, Minami T. Super-water-repellent Al_2O_3 coating films with high transparency [J]. Journal of the American Ceramic Society, 1997, 80 (12): 3213-3216.

[78] Tadanaga K, Morinaga J, Matsuda A, et al. Superhydrophobic-superhydrophilic micropatterning on flowerlike alumina coating film by the sol-gel method [J]. Chem. Mater., 2000, 12 (3): 590-592.

[79] Shirtcliffe N J, McHale G, Newton M I, et al. Intrinsically superhydrophobic organosilica sol-gel foams [J]. Langmuir, 2003, 19 (14): 5626-5631.

[80] Yamanaka M, Sada K, Miyata M, et al. Construction of superhydrophobic surfaces by fibrous aggregation of perfluoroalkyl chain-containing organogelators [J]. Chem. Commun., 2006, 21: 2248-2250.

[81] Rao A V, Kulkarni M M, Amalnerkar D P, et al. Superhydrophobic silica aerogels based on methyltrimethoxysilane precursor [J]. Journal of Non-Crystalline Solids, 2003, 330 (1-3): 187-195.

[82] Han J T, Lee D H, Ryu C Y, et al. Fabrication of superhydrophobic surface from a supramolecular organosilane with quadruple hydrogen bonding [J]. J. Am. Chem. Soc., 2004, 126 (15): 4796-4797.

[83] Hoefnagels H F, Wu D, With G D, et al. Biomimetic superhydrophobic and highly oleophobic cotton textiles [J]. Langmuir, 2007, 23 (26): 13158-13163.

[84] Zhang L, Sun J. Layer-by-layer codeposition of polyelectrolyte complexes and free polyelectrolytes for the fabrication of polymeric coatings [J]. Macromolecules, 2010, 43 (5): 2413-2420.

[85] Chunder A, Etcheverry K, Londe G, et al. Conformal switchable superhydrophobic/hydrophilic surfaces for microscale flow control [J]. Colloids and Surfaces A: Physicochemical and Engineering Aspects, 2009, 333 (1-3): 187-193.

[86] Zhang X, Shi F, Yu X, et al. Polyelectrolyte multilayer as matrix for electrochemical deposition of gold clusters: toward super-hydrophobic surface [J]. J. Am. Chem. Soc., 2004, 126 (10): 3064-3065.

[87] Zhai L, Cebeci F C, Cohen R E, et al. Stable superhydrophobic coatings from polyelectrolyte multilayers [J]. Nano Letters, 2004, 4 (7): 1349-1353.

特殊浸润性表面的
开发制备与性能研究

[88] Ji J，Fu J，Shen J．Fabrication of a superhydrophobic surface from the amplified exponential growth of a multilayer [J]．Advanced Materials，2006，18（11）：1441-1444.

[89] 金美花，冯琳，封心建，等．阵列聚合物纳米柱膜的超疏水性研究 [J]．高等学校化学学报，2004，25（7）：1375-1377.

[90] Feng L，Li S，Li H，et al．Super-hydrophobic surface of aligned polyacrylonitrile nanofibers [J]．Angewandte Chemie，2002，41（7）：1269-1271.

[91] Guo C，Feng L，Zhai J，et al．Large-area fabrication of a nanostructure-induced hydrophobic surface from a hydrophilic polymer [J]．Chem．Phys．Chem.，2004，5（5）：750-753.

[92] Feng L，Song Y，Zhai J，et al．Creation of a Superhydrophobic Surface from an Amphiphilic Polymer．Angew [J]．Chem．Int．Ed.，2003，42（7）：800-802.

[93] Chen Y，Zhang L，Lu X，et al．Morphology and crystalline structure of poly（ε-Caprolactone）nanofiber via porous aluminium oxide template [J]．Macromolecular Materials and Engineering，2006，291（9）：1098-1103.

[94] Zhang X，Guo Y，Zhang P，et al．Superhydrophobic CuO@Cu$_2$S nanoplate vertical arrays on copper surfaces [J]．Materials Letters，2010，64（10）：1200-1203.

[95] Wei Z J，Liu W L，Tian D，et al．Preparation of lotus-like superhydrophobic fluoropolymer films [J]．Applied Surface Science，2010，256（12）：3972-3976.

[96] Bi Xu，Zaisheng Cai，Weiming Wang，et al．Preparation of superhydrophobic cotton fabrics based on SiO$_2$ nanoparticles and ZnO nanorod arrays with subsequent hydrophobic modification [J]．Surface and Coatings Technology，2010，204（9-10）：1556-1561.

[97] Zhang Youfa，Yu Xinquan，Zhou Quanhui，et al．Fabrication of superhydrophobic copper surface with ultra-low water roll angle [J]．Applied Surface Science，2010，256（6）：1883-1887.

[98] Guang Li，Haiting Zheng，Yanxue Wang，et al．A facile strategy for the fabrication of highly stable superhydrophobic cotton fabric using amphiphilic fluorinated triblock azide copolymers [J]．Polymer，2010，51（9）：1940-1946.

[99] Long-Yue Meng，Soo-Jin Park．Effect of fluorination of carbon nanotubes on superhydrophobic properties of fluoro-based films [J]．Journal of Colloid and Interface Science，2010，342（2）：559-563.

第2章

浸润性基础理论

2.1

浸润性理论

2.1.1 表面自由能

表面自由能是指保持原有的特征变量（如温度、压力和组成等）不变的情况下，每增加单位表面积，与之相对应的热力学函数的增量。对于液体而言，处在液体表层的分子与处在液体内部的分子所受力场不同，内部分子受到周围同种分子的相互作用，分子间作用力对称存在而相互抵消。但表层分子因未被同种分子完全包围，其既受到指向液相的液体分子的引力，也受到指向气相的气体分子的引力。因气相引力远小于液相引力，所以气液界面的分子主要受到指向液体内部并垂直于表面的引力。将一个分子由液相内部移到表层需克服引力做功，使系统自由焓增加；反之，表层分子移入液体内部，则系统自由焓下降。由于系统具有自发从高能态向低能态转变的能力，因此，在无外力作用时液体具有自动收缩呈球形的趋势。表面自由能和表面张力都是作用力的一种量度，前者从能量角度考虑分析表层分子和内部分子的差别，只有大小，无方向。后者是表面自由能客观存在的表象，是从力学角度考虑表面分子与内部分子的差别，有大小和方向。

对于固体而言，其表面自由能越大，越易被一些液体所浸润。通常将表面能大于 $100\mathrm{mJ/m^2}$ 的材料称为高能表面，如常见的金属材料及其氧化物、硫化物、无机盐等，它们均具有较高的表面自由能；表面能在 $25 \sim 100\mathrm{mJ/m^2}$ 的材料称为低能表面，它们的表面能与液体表面能相当，包括一般的有机化合物及高聚物等。

2.1.2 浸润性的表征

液体在固体表面上以一定的形状存在，而与固体表面成一定角度，即接触角。它是液滴在固体表面上固、液、气三相界面间表面张力相互作用达到平衡状态的结果。1804年，T. Young 首次提出了在理想均一光滑的固体表面上的液滴，其三相线上的接触角服从 Young's 方程[1]（如图 2.1 所示）：

$$\gamma_{SV} = \gamma_{SL} + \gamma_{LV}\cos\theta_0 \tag{2.1}$$

式中，γ_{SV}、γ_{SL} 和 γ_{LV} 分别为固气、固液和液气界面的张力；θ_0 为平衡接触角或本征接触角。

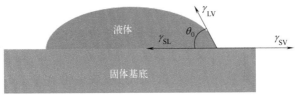

图 2.1　接触角示意图

Young's 方程假定固体表面是成分均一且绝对光滑的，但由于实际固体表面上通常会吸附一些杂质，因此导致表面的化学组成并不均一，表面存在一定的粗糙度，所以实测得的表观接触角 θ 与材料的本征接触角 θ_0 之间存在一定的差异。此方程是研究浸润性的基本公式，故又称为浸润方程，接触角是表征固体表面浸润性的静态指标。

对浸润性的研究发现，接触角越大其表面疏水性越强。尽管接触角是衡量固体表面浸润性的最常用标准，但对于设计具有实际应用价值的浸润性表面，要完整地判断其浸润效果还应该考虑动态的过程，因此，必须要考虑液滴在微小力作用下的运动情况[2]。

所以，研究材料表面动态过程中的接触角：前进角 θ_{adv}、后退角 θ_{rec} 和滚动角（即接触角滞后，又称迟滞角 α）就显得十分必要，如图 2.2 所示[3]。

前进角是指液滴处于倾斜表面上在增加液滴体积时，液滴与固体表面相接触的三相线即将要移动的这一状态的接触角，

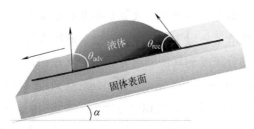

图 2.2　前进角、后退角与接触角滞后 [3]

可以理解为处于即将下滑的液滴前坡面必须增加的角度，否则液滴运动不会发生。后退角是指在缩减液滴体积时，液滴与固体表面之间的三相接触线即将移动而未移动状态的接触角，可以解释为下滑时液滴后坡面必须降低的角度，否则液滴不会发生位移。前进角、后退角和滚动角满足如下关系：

$$\alpha = \theta_{adv} - \theta_{rec} \tag{2.2}$$

滚动角是指一定质量的水滴在倾斜表面受重力作用开始滚动时的临界角度。当固体表面滚动角较小时，水滴在斜面上可以保持球冠形态，此时滚动角可以表述为[4]：

$$\pi \gamma_{LV} l (\cos\theta_{rec} - \cos\theta_{adv}) = \rho g V \sin\alpha \tag{2.3}$$

式中，π 为圆周率；l 为固液接触沿斜面方向上的长度；ρ 为液体的密度；g 为重力加速度；V 为水滴的体积。

2.1.3　Wenzel 模型

Young's 方程是一种理想化的模型，该模型中的理想化光滑材料在实际中几乎是不存在的。对于表面成分不均一、存在一定粗糙结构的实际固体表面的浸润性，Wenzel[5-6]、Cassie 和 Baxter[7-8] 三位科学家对其分别进行了讨论并依据 Young's 理想化方程进行了各自的修正。

对于粗糙表面上的液滴，其真实接触角几乎无法测定，实验所得的只是其表观接触角，此时表观接触角与界面张力的关系是不符合 Young's 方程的，粗糙表面上的表观接触角与本征接触角存在一定的差值，如表面微细结构化可以将本征接触角为 $100°\sim$ $120°$ 的疏水表面呈现出 $150°\sim170°$ 甚至更高的表观接触角（亲水表面在微细结构化之后表观接触角更小），此类超高接触角的获取仅靠改变表面化学成分很难达到。

Wenzel 对这种现象进行分析认为，粗糙表面的存在使实际固液接触面积要大于表

观几何上观察到的接触面积，从几何结构上增强了疏水性（或亲水性），认为液体能填满粗糙表面上的凹槽，如图 2.3 所示。此类接触因此也被称为湿接触，在恒温恒压的平衡状态下，由于界面微小变化而引起体系自由能的变化，其表面自由能满足如下关系：

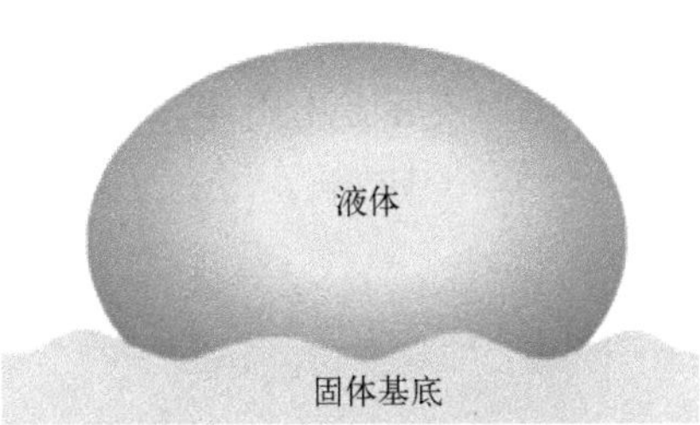

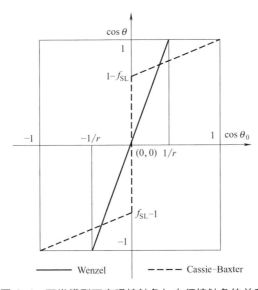

图 2.3 Wenzel 模型

$$dG = r(\sigma_{SL} - \sigma_{SV})dx + \sigma_{LV}\cos\theta \quad (2.4)$$

式中，dG 为三相线在有 dx 位移时所需能量，能量平衡时，则可得表观接触角 θ 与本征接触角 θ_0 之间的关系：

$$\cos\theta = r\cos\theta_0 \quad (2.5)$$

式中，r 为实际的固液接触面积与表观固液接触面积之比。

$\cos\theta$ 与 $\cos\theta_0$ 的变化趋势如图 2.4 所示。斜率即为 r，因 $r \geqslant 1$，所以粗糙度的存在能使原本疏水表面（$\cos\theta_0 < 0$）更加疏水（$\cos\theta < \cos\theta_0$）；而使原亲水表面（$\cos\theta_0 > 0$）更加亲水（$\cos\theta > \cos\theta_0$）。但由于 θ 为 $0° \sim 180°$ 之间，故 $\theta > \cos^{-1}(-1/r)$ 或 $\theta_0 > \cos^{-1}(-1/r)$ 时 θ_0 分别为 $180°$ 和 $0°$，也就是图 2.4 最左和最右的两段斜率为 0 的直线所代表的意义。Shibuichi 等[9] 通过实验所得出的数据较好地符合 Wenzel 的线性关系，同时印证了表面粗糙度也是调控表观接触角的主要因素，因此关于对表面进行结构化处理能够改变表面浸润性有了更好的理论解释。

图 2.4 两类模型下表观接触角与本征接触角的关系

2.1.4 Cassie-Baxter 模型

Cassie 和 Baxter 对超疏水表面进行研究提出液滴在粗糙表面上的接触是一种复合接触。具有粗糙结构的表面因其微结构尺度小于液滴尺度，当固体表面疏水性较强时，其上的液滴并不能填满粗糙表面上的凹槽，在液珠下将有截留的空气存在，于是表观上的液固接触面实际上由固体和气体共同组成，如图 2.5 所示。从热力学角度分析：

$$\mathrm{d}G = f_{\mathrm{SL}}(\sigma_{\mathrm{SL}} - \sigma_{\mathrm{SV}})\mathrm{d}x + (1 - f_{\mathrm{SL}})\sigma_{\mathrm{SV}}\mathrm{d}x + \sigma_{\mathrm{LV}}\mathrm{d}x\cos\theta \tag{2.6}$$

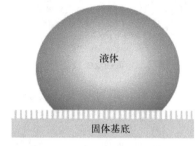

图 2.5 Cassie-Baxter 模型

由热力学平衡状态方程可得到

$$\cos\theta = f_{\mathrm{SL}}(1 + \cos\theta_0) - 1 \tag{2.7}$$

依据上式，Cassie 与 Baxter 从热力学角度出发，分析得到了适合任何复合表面接触的 Cassie-Baxter 方程[9]：

$$\cos\theta = f_1\cos\theta_1 + f_2\cos\theta_2 \tag{2.8}$$

式中，θ 为复合表面的表观接触角；θ_1、θ_2 分别为两种介质上的本征接触角；f_1、f_2 分别为此两种介质在表面上的面积百分比。当其中一种介质为空气时，其液气接触角为 $180°$，此时式（2.8）等同于式（2.7）。

式（2.7）中 f_{SL} 为复合接触面中固液接触面积占整个接触面积的百分比。在疏水区该值越小则表观接触角越大，该方程也可以通过表观接触角 θ 和本征接触角 θ_0 之间的关系（图 2.4 中虚线）表示，此线能较好地解释前面提及的接近超疏水区不符合 Wenzel 关系的那段直线，由此可见，高疏水区域由于结构表面的疏水性导致液滴不易侵入表面结构而截留空气产生气膜，使得液珠仿佛是"坐"在粗糙表面之上，当表面足够疏水或者 r 值足够大时，f_{SL} 接近于 0，θ 无限趋近于 $180°$，此时的液滴如同"坐"在"针尖"上。因此有效的计算参数只是固液接触面积在整个接触面上的百分比而不是粗糙度，所以该区域不适用 Wenzel 模型，Wenzel 模型适用于中等疏水和中等亲水之间的曲线。

对于超高亲水部分不符合 Wenzel 线性关系的直线也可以采用 Cassie 的复合接触理论来解释，微细结构化的表面可被看作是一种多孔的材料：当具有这种微细结构的表面材料具有较好的亲水性时，表面结构易产生毛细作用而使液体易渗入并浸润到表面微细结构中，所以此种结构易吸液而在表面产生一层液膜，但不会将粗糙结构完全淹没，仍有部分固体露于表面，所以当再有液滴置于其上时，就会生成由液体和固体组成的复合接触面，相同液体间接触角为 $0°$，按式（2.8）或通过热力学角度可得到：

$$\mathrm{d}G = f_{\mathrm{SL}}(\sigma_{\mathrm{SL}} - \sigma_{\mathrm{SL}})\mathrm{d}x - \sigma_{\mathrm{LV}}(1 - f_{\mathrm{SL}})\mathrm{d}x + \sigma_{\mathrm{LV}}\cos\theta\mathrm{d}x \tag{2.9}$$

$$\cos\theta = f_{\mathrm{SL}}\cos\theta_0 + (1 - f_{\mathrm{SL}})\cos0° = f_{\mathrm{SL}}\cos\theta_0 + 1 - f_{\mathrm{SL}} \tag{2.10}$$

由上式可见，f_{SL} 越小时表观接触角就会越小。液滴的三相线因受表面固体和微细结构中液体的共同作用而并未形成真正的圆形，如图 2.6 所示。处于铺展（spreading）与吸液（imbibition）之间的一种状态，Steven 将此称为半毛细（hemi-wicking）作用[10-11]。

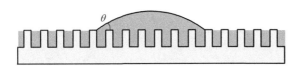

图 2.6　微结构表观接触角的半毛细状态

2.1.5　Wenzel 模型与 Cassie-Baxter 模型的关系

通过对以上两种模型的分析可见，具有同一粗糙度的表面可能有两种浸润态，也就可能存在两个表观接触角：Wenzel 接触角和 Cassie-Baxter 接触角，于是就存在以上两种浸润状态之间的转变问题[12-15]。当一个液滴在固体表面的接触角符合 Cassie-Baxter 方程时，在其受外力挤压的过程中，液滴的形貌将发生变化，进而其表观接触角也将由符合 Cassie-Baxter 方程转变为符合 Wenzel 方程。一旦这种浸润方式发生转变，液体将填满粗糙固体表面的沟槽，同时导致固体表面失去疏水性。这种转变可以通过外界作用的方法实现，比如：物理挤压、从高处滴落液体以及使用大体积液滴等，如图 2.7 所示[16]。

(a) 外加应力

(b) 蒸发一定液体

(c) 调整液滴体积

图 2.7　过渡状态[16]　由 Cassie 模式向 Wenzel 模式转变的诱因

当浸润性从 Wenzel 态向 Cassie-Baxter 态转变时，其接触角是增加的，并且其接触角分别符合两种状态。于是通过联合式（2.5）和式（2.7）可以得到临界转变角度 θ_{cri}[17]：

$$\cos\theta_{cri}=(f_{SL}-1)/(r-f_{SL}) \tag{2.11}$$

如果本征接触角小于式（2.11）中的临界接触角 θ_{cri}，那么液体和固体接触部分所包含的空气是不稳定的，则 Cassie-Baxter 浸润态很容易转变成 Wenzel 浸润态。为了得到比较稳定的空气层，固体表面必须达到一定的疏水性，临界转变角度必须足够小，因为 Cassie-Baxter 浸润态只有在 $\theta_0>\theta_{cri}$ 或 $\cos\theta_0<-1/r$ 时候是稳定的。必须指出的是，上述公式是模型化和经验性的结果。事实上，固体表面不一定符合公式描述情况，因为它与表面的形貌相关。例如，具有平行凹槽和凹坑形式的表面，虽然它们的粗糙程度相同，但各自呈现的性质却完全不一样。因此，如果完全不知道一个复合表面的形貌，其粗糙度不一定能用粗糙度系数 r 来修正。正如上面所讨论的，Wenzel 和 Cassie-Baxter 模型都认为固体表面的粗糙度可以增强其表面的疏水性，但两者内在机制却是不一样的，液滴对粗糙表面上凹槽填充度的不同使得它们的接触角滞后现象有很大的区别，同时导致黏附性能有所差异，进而影响超疏水表面的动态性能。一般而言，前者是通过增加固液接触面积来实现表观接触角的增大，因此液滴几乎被牢固地吸附于固体表面上，滚动角非常大；后者则是通过减少固液接触面积来增强表观接触角的，滚动角非常小，宏观表现上水滴很容易在这样的表面上滚落。由于两种状态都可以增大疏水表面的表观接触角，因此可以将液滴在表面的滚动过程作为水滴在粗糙表面处于 Wenzel 或 Cassie-Baxter 状态的简单判别方法。

2.2
浸润表面的物理力学

2.2.1　界面物理力学的特点

在构建出的特殊浸润性表面上，其研究尺度与宏观看到的表面有很大差异，尤其是达到微纳米级的粗糙结构。微纳米结构与宏观系统相比具有很大的"比表面"，所以表面、界面等效应在微纳米结构中占主导地位。对于其研究方法是以实验为主，结合当前发展的表、界面的测试方法，从实验中发现新的现象，并为理论模型和跨尺度模拟结果提供校验标准。

微纳米表面与界面物理力学有如下特点：

①　表面力会起到十分重要的作用[18-19]，是研究微纳米摩擦、润滑、黏附等效应的着手点[20]，这也是微纳米系统与宏观系统的重要区别。

②　在微纳米尺度下，由于"比表面积"的存在，材料的某些基本力学量（如弹性

模量、泊松比等）可能会具有尺度效应[21-22]。

③ 表面和界面力学通常会跨越"原子-纳米-微米-宏观"等尺度，所以具有跨尺度和多尺度特性。

④ 在表、界面上空间是受限的，受限液体会表现出多种和体相液体不同的性质，如液体在平面铺展中的前驱膜[23]、在内角铺展中的前驱单分子链等[24]。

⑤ 表面张力通常是温度场、电场和化学浓度的函数，这是多场耦合的结果。当存在温度梯度、电场梯度和浓度梯度时，一般会发生电浸润下的液滴铺展[25]、液滴移动等[26]。

2.2.2 范德瓦耳斯力

范德瓦耳斯力是存在于分子之间的相互作用力，其作用能大小约为每摩尔几千到几十千焦耳，与化学键键能相比要少 $1 \sim 2$ 个数量级。范德瓦耳斯力共由三方面作用力构成。

首先是取向力，发生于极性分子之间，Keesom[27] 认为极性分子之间存在电偶极矩，由于偶极矩之间的相互作用而产生作用力。偶极矩之间产生的吸引作用平均能量为：

$$C_{\mathrm{orient}} = -\frac{1}{(4\pi\varepsilon_0)^2 r^6} \times \frac{u_1^2 u_2^2}{3 k_{\mathrm{B}} T} \tag{2.12}$$

式中，ε_0 为真空介电常数；r 为两分子质心间距；u_1、u_2 分别为两个相互作用分子的偶极矩；k_{B} 为玻尔兹曼常数。当偶极矩增大时，分子间的取向力会随之增大，当温度升高，偶极分子间的去向会被破坏，相互作用能会降低。

诱导力发生于极性分子与非极性分子之间，Debye[28-29] 认为在极性分子的影响下，非极性分子可以被极性分子产生的电场极化，从而产生诱导偶极矩，随后与极性分子产生定向作用。产生的相互作用叫作诱导能：

$$C_{\mathrm{ind}} = -\frac{u_1^2 \alpha_2 + u_2^2 \alpha_1}{(4\pi\varepsilon_0)^2 r^6} \tag{2.13}$$

式中，α_1 和 α_2 分别为两分子的极化率。

色散力发生于非极性分子之间，非极性分子内部的核外电子云呈球对称，不显示永久偶极矩，而这只能说明在原子核外发现电子的概率相等。在电子运动的过程中，一定会存在某些瞬间，使得电子分布不均匀，此时则会产生瞬时偶极矩，这些瞬时偶极矩之间可以相互作用极化，从而产生吸引力。色散力的相互作用大小：

$$C_{\mathrm{disp}} = -\frac{1}{(4\pi\varepsilon_0)^2 r^6} \times \frac{3\alpha_1 \alpha_2 h \nu_1 \nu_2}{2(\nu_1 + \nu_2)} \tag{2.14}$$

式中，ν_1 和 ν_2 为电子频率；h 为普朗克常数。将式（2.12）～式（2.14）汇总可得范德瓦耳斯力相互作用能 $\omega_{\mathrm{vdW}}(r)$：

$$w_{vdW}(r) = \frac{1}{(4\pi\varepsilon_0)^2 r^6} \left[(u_1^2 \alpha_2 + u_2^2 \alpha_1) + \frac{u_1^2 u_2^2}{3k_B T} + \frac{3\alpha_1 \alpha_2 h\nu_1 \nu_2}{2(\nu_1 + \nu_2)} \right] \tag{2.15}$$

2.2.3 疏水作用与分离压力

疏水作用力是范德瓦耳斯力与分子之间氢键的一种协同现象，Israelachvili[30] 在水中测量了两个弯曲的疏水表面之间的疏水力得出，在 $0\sim10nm$ 范围内疏水力呈指数衰减，衰减长度 λ_0 大约为 $1\sim2nm$。通常认为疏水力随着表面疏水性的降低而衰减，由于疏水性可以由表面能 γ 进行表征，所以对于水中距离为 $0\sim10nm$ 的两个表面之间的疏水能可表示为

$$w_{Hyp} = -2\gamma e^{-D/\lambda_0} \tag{2.16}$$

式中，w_{Hyp} 为两表面之间的疏水能；γ 为表面能；D 为两表面之间间距；λ_0 为衰减长度。

疏水力与非极性分子周围的水分子结构有关。水分子之间容易形成氢键，水分子和非极性分子则无法形成氢键，而非极性分子可以影响周围水分子，使其发生结构变化。所以疏水力被认为与熵有关。

分离压力的概念被科学家 Boris Vladimirovich Derjaguin 提出，是有效界面势随着液膜厚度 h 的变化而变化，其中有效界面势 $W(h) = \gamma_{lv} + \gamma_{sl} - \gamma_{sv}$，分离压力会驱动着液膜实现浸润过程[31-32]。

$$\Pi(h) = \left(\frac{dW(h)}{dh} \right)_{T,V,A} \tag{2.17}$$

其中，温度、体积和表面积在求导过程中保持不变。有效界面势 $W(h)$ 来源于液膜分子和液体分子的能量差别，是单位面积液膜的过剩自由能。如果液膜分子和固体表面的吸引力大于液体分子之间的吸引力，此时 $W(h) > 0$，在 $\Pi(h) > 0$ 的区域内液膜增厚以降低能量，反而在 $\Pi(h) < 0$ 的区域内液膜减薄以降低能量。

2.2.4 浸润方程的修正

如果把液滴的尺度缩小到微纳米量级时，则会出现与宏观情况不同的新现象。线张力是一个与小气泡或小液滴接触角相关的参数，并且线张力对表面热力学与界面现象有显著影响[33]。在固、液、气的三相平衡系统中，线张力定义为三相接触线单位长度上的自由能，也可以定义为一维三相接触线上的力，并趋向于使三相线的长度最小。

在液滴平衡的过程中考虑线张力，假如理想固体表面上一静态液滴的三相接触线是圆周，R 为圆周的曲率半径[34]。对于三相接触线上任意一点，Young's 方程可被修正为：

$$\cos\theta = \frac{\gamma_{sv} - \gamma_{sl}}{\gamma_{lv}} - \frac{\tau}{\gamma_{lv} R} \tag{2.18}$$

式中，τ 是线张力。若 $R \to \infty$，则上式转化为 Young's 方程，线张力的符号可正可

负，具体由液体性质、固体表面、液滴在固体表面上的成核过程等决定。当线张力为正值时，接触角随着液滴与基底接触半径的增大而减小；反之当线张力为负值时，接触角随液滴与基底接触半径的增加而增大。

2.2.3 节中提到了分离压力的概念，当液膜厚度达到微观尺度时，需要考虑分子间的相互作用。此时用微观方法处理接触角，从而修正 Young's 方程。对于接触线的处理上可以认为，在液滴的前段存在一个厚度为 h_0 的前驱膜，考虑分离压力对前驱膜的影响并采用能量最小原理，可以得到分离压力修正后的方程[35-36]：

$$\cos\theta = 1 + \frac{1}{\gamma_{lv}} \int_{h_0}^{\infty} \mathit{\Pi} \, \mathrm{d}h \tag{2.19}$$

于是，当分离压力 $\mathit{\Pi}$ 和前驱膜厚度 h_0 已知时，即可通过式（2.19）确定接触角。

2.3
固液的表面性质

2.3.1 固体表面的不均一性

与固体内部的原子不同，位于固体表面的原子或离子的受力并不对称，并且固体相对于液体而言，其表面和内部原子都做不到自主流动。这两点是导致固体表面不均一性的主要原因，具体表现如下：

① 以微纳米的尺度观察，固体表面实际上是不平的，即使在精细的打磨抛光下也会在固体表面留下痕迹。

② 固体的表面性质会因为加工或制备等外在因素而产生变化，即使是同一种固体材料，由于工艺的不同也会产生差异。

③ 在实际晶体中存在各种晶体缺陷，而且这些缺陷会因为晶体的交互作用和外部条件的变化而产生变动，这都会影响到其表面的物理化学性质。

④ 绝大多数晶体为各向异性，其表面也是如此，在不同的方位上均为各向异性。

⑤ 固体表面会经常与其它物质接触，容易被污染，由于固体表面能普遍较高，所以被吸附的污染物会"粘"在固体表面，影响其表面性质。

2.3.2 固体表面立场与界面势垒

晶体的每一个质点周围都存在力场。对于晶体内部的质点，其力场被认为是对称有心的，而在固体表面的质点，其规则排布被打破，力场的对称性也被破坏，只留下了有指向性的剩余力场。剩余力场可以通过固体表面对其它物质的作用而得以体现，如浸润作用，其作用力为固体表面力，可分为化学力与范德瓦耳斯力。

化学力其本质为静电力，产生于固体表面的质点与被吸附物质之间存在电子转移的时候。其大小可以用表面能的值来进行估计。范德瓦耳斯力在前面的章节已有细致的阐释，这里不再赘述。

标准接触的界面势垒是指当温度 $T=0\mathrm{K}$ 时，使位置经过充分调整的单位接触面积上的界面原子脱离原稳定位置所需要的能量在单位滑动距离中的总和，也就是在单位面积上滑动单位距离最大时可能的能量耗散量。即使是标准接触的界面，其具体情况依然由接触面材料本身的性质与其表面微纳结构共同决定，界面势垒的大小可以通过量子力学的方法或是经验法算得，如通用黏附能量函数[37-38]，也可以通过纳米摩擦学实验测得。

对于实际接触界面来说，其界面势垒不仅与标准接触的界面势垒有关，接触压力、界面温度等外界条件也是其影响因素。具体关系如下：

$$\Delta E^+ = k_1 k_2 \Delta E_0^+ \tag{2.20}$$

式中，ΔE^+ 为接触界面势垒；ΔE_0^+ 为标准接触界面势垒；k_1、k_2 分别为相称度系数和温度系数。另外，对于 k_1 则有：

$$k_1 = \frac{p}{[\sigma_{s1}(T)\sigma_{s2}(T)]^{0.5}} + C_0 \tag{2.21}$$

式中，p 为实际接触压力；$\sigma_{s1}(T)$ 和 $\sigma_{s2}(T)$ 分别为当温度为 T 时，两摩擦副材料的屈服强度；C_0 为没有外加压力时的相称度系数。

2.3.3　边界滑移

连续介质力学是力学的分支，主要用于处理连续介质（包含固体和流体）的宏观力学性质。其基本假设为"连续介质假设"，即把真实固体或流体所占据的空间近似地认为连续、无空隙地充满"质点"，质点具有的宏观物理量满足其应该遵守的物理定律。

在连续介质力学的假设下，当与固体接触的流体（液体或气体）速度与固体表面相等时，这个状态为无滑移边界条件。而当流体的剪应力超过流体受到剪切的极限值时，在流体与固体的界面就会出现滑移，速度差为 u_{slip}。对于两块平行平板的剪切流，有一阶边界滑移模型、二阶边界滑移模型、一阶半边界滑移模型、滑流区 Couette 流动和滑流区 Poiseuille 流动这几种典型的滑流模型。

2.3.4　表面活性

当溶剂中加入溶质时，溶液的表面张力会发生变化，将溶质放入溶剂中使得溶剂的表面张力降低，则该溶质对溶剂有表面活性，该溶质为该溶剂的表面活性剂。由于水是最常见且常用的溶剂，所以有表面活性和表面活性剂通常是对水而言。当在水中加入无机酸、碱、盐以及甘油、蔗糖等，会使水的表面张力逐渐升高；加入有机酸、醇、酯、酮、醚等，会使水的表面张力逐渐降低；加入肥皂、合成洗涤剂等则会使水的表面张力大幅度下降。

表面活性剂分子由两部分构成，具有亲水性的极性基团和具有憎水性的非极性基团。当溶液较稀时，小型胶束均匀分布在溶液中，在加入表面活性剂之后，随着憎水基和亲水基的增多会发生变化。憎水基会被推出到溶液表面，伸向空气，最终在溶液表面上定向排列，形成单分子膜；亲水基则留在水中，其分子之间以非极性部位相互结合时，最终形成憎水基向里、亲水基向外的多分子聚集体。

表面活性剂具有广泛的应用，根据其能够产生的不同作用而进行细分，如可用于制造润湿剂、乳化剂、发泡剂、洗涤剂等。

2.4
固液界面膜与有序分子膜

2.4.1 固液吸附膜

吸附膜产生的主要原因在于固体表面具有一定的表面张力，而且其表面是不均一的，在加工或是自然形成过程中存在许多缺陷，使得表面位置上的原子状态不稳定，很容易吸附各种极性基团，从而形成吸附膜。

吸附膜主要分为两种：物理吸附膜和化学吸附膜。其划分方式是以结合方式的不同进行区别的，在接触过程中由于分子或原子之间的作用力相互吸引产生的吸附叫作物理吸附，而由于极性分子的有价电子与基底表面的电子之间发生电子交换进而产生化学结合力使得极性分子吸附在基底表面，这个过程叫作化学吸附。由于结合方式的不同，形成的吸附膜的稳定度也有差异，物理吸附紧靠分子或原子间的作用力，并不会改变吸附层中分子或电子的分布，所以其吸附膜的稳定度就会相对较弱，反之化学吸附由于发生了电子交换，其成膜稳定度远好于物理吸附膜，并且在高温条件下才能解除吸附，物理吸附膜在常温条件下就可以解除吸附。

2.4.2 化学反应膜

化学反应，即有新的物质分子生成，化学反应膜也是如此，当外部物质与基底表面相接触发生化学反应生成不同于原基底表面的新物质形成的膜叫作化学反应膜。化学反应膜具有较高的熔点和较低的剪切强度，通常反应是不可逆的，所以其与物理吸附膜和化学吸附膜相比要更加稳定。

由于有化学反应原理作为支撑，所以可根据原理和实际情况的需要制备出各种添加剂，从而提高表面性能。如一些磷类与有机金属盐类具有高耐磨性，可以减轻金属表面的磨损情况；硫类、氯类可以提高润滑脂的耐负载能力，添加后可防止金属表面在高负载情况下出现刮伤、烧结、卡咬等问题。所以在一些抗磨剂中添加含有这些元素的物质，在与基底表面发生反应之后生成的反应膜会大幅度提高原基底表面的耐磨性与负载能力。

2.4.3　有序分子膜

有序分子膜由于其能吸附在固体表面且具有特定的结构，对于改变固体表面性质、减小摩擦磨损有很大作用，同时在电子元器件、传感器技术、生物技术等领域也有很大的应用价值。

自组装（self-assembled，SA）分子膜是在一定的条件下通过分子间的化学键自发进行组装，从而形成特定有序结构的单/多层分子膜。其制备思路通常是将活化处理过的基底置于具有成膜反应活性分子的溶液中，经过一段时间的反应形成致密有序的分子膜。其中，分子膜具有反应活性的头基与基底通过化学键相结合，主链结构上的分子之间通过范德瓦耳斯力与静电作用相结合形成致密有序的膜结构，端基与空气接触，其结构决定了分子膜的表面性质。制备良好的自组装分子膜不仅可以与基底紧密结合，而且成膜分子之间的相互作用也很强，所以其成膜效果较为稳定，在不受外界条件变化的影响下可以长期保存。

LB膜（Langmuir-Blodgett）膜是利用Langmuir-Blodgett技术在基底表面直接沉积有序分子膜而成型的体系。制备思路主要有两部分，超薄膜的沉积和成膜分子的有序化，最常用的制备方法是垂直提拉法。其制备过程主要分三个阶段，首先将成膜材料溶解在不溶于水的有机溶剂中，将其滴加在靠近亚相的表面位置的水面上，成膜材料分子会在水面上均匀铺展，形成分子膜。接着等待有机溶剂挥发之后，通过可移动挡板控制成膜分子的铺展面积，使其在水面形成定向排列的单分子层。最后以一定速度移动固体基底，控制膜压不变，将单分子层转移到基底上。LB膜中的分子高度有序，但稳定性较差，需要更为深入的研究来提高其成膜的稳定性。

分子沉积膜是利用分子沉积法（molecular deposition）制备的具有自组装功能的有序分子膜，分子沉积法是利用异性离子之间的相互作用制备沉积膜的方法，其成膜的原因在于异性离子间的静电作用，通过反复叠加异性电荷从而成膜。制备思路也大致如此，先将基底离子化，然后将其交替浸没在带有大量异性电荷的聚电解质溶液中，静置一段时间后取出清洗，如此循环最终得到沉积完成的多层分子膜。在对基底离子化的过程中，由于基底材质各不相同而需要采取不同的处理方法。分子沉积膜中的功能性分子可定向排列，可以大面积制作，且易得到不同结构的膜层。此外，其制备方法简单无害，成膜厚度可以控制，成膜稳定性好，制备过程不受基底限制，在电池材料、半导体材料、聚合物表面改性等方面取得大量应用。

参 考 文 献

[1]　Young T. An essay on the cohesion of fluids [J]. Philos. Trans. R. Soc, 1805，95：65-87.

[2]　Roura P，Fort J. Comment on：Effects of the surface roughness on sliding angles of water droplets on superhydrophobic surfaces by Miwa，M. et al [J]. Langmuir，2002，18（2）：566-569.

[3] Koch K，Bhushan B，Barthlott W．Multifunctional surface structures of plants：An inspiration for biomimetics [J]．Progress in Materials Science，2009，54（2）：137-178．

[4] Dussan E B V，Chow R T．On the ability of drops or bubbles to stick to non-horizontal surfaces of solids [J]．Journal of Fluid Mechanics，1983，137：1-29．

[5] Wenzel R N．Resistance of solid surfaces to wetting by water [J]．Ind．Eng．Chem．，1936，28（8）：988-994．

[6] Wenzel R N．Surface roughness and contact angle [J]．J．Phys．Chem．，1949，53：1466-1467．

[7] Cassie A B D，Baxter S．Surface roughness and contact angle [J]．Trans．Faraday Soc．，1944，44：546-551．

[8] Cassie A B D．Contact angles [J]．Discus．Faraday Soc．，1948，3：11-16．

[9] Shibuichi S，Onda T，Satoh N，et al．Super water-repellent surfaces resulting from fractal structure [J]．J．Phys．Chem．，1996，100：19512-19517．

[10] Bico J，Tordeux C，Quéré D．Rough wetting [J]．Europhys Lett，2001，55（2）：214-220．

[11] Bico J，Thiele U，Quéré D．Wetting of textured surfaces [J]．Colloids and Surfaces A：Physicochem Eng Aspects，2002，206：41-46．

[12] Marmur A．The lotus effect：superhydrophobicity and metastability [J]．Langmuir，2004，20（9）：3517-3519．

[13] Dupuis A，Yeomans J M．Modeling droplets on superhydrophobic surfaces：equilibrium states and transitions [J]．Langmuir，2005，21（6）：2624-2629．

[14] Patankar N A．On the modeling of hydrophobic contact angles on rough surfaces [J]．Langmuir，2003，19（4）：1249-1253．

[15] Patankar N A．Transition between superhydrophobic states on rough surfaces [J]．Langmuir，2004，20（17）：7097-7102．

[16] Callies M，Quéré D．On water repellency [J]．Soft Mater．，2005，1：55-61．

[17] Nishino T，Meguro M，Nakamae K，et al．The lowest surface free energy based on $-CF_3$ alignment [J]．Langmuir，1999，15（13）：4321-4323．

[18] Ding J N，Wen S Z，Meng Y G．Theoretical study of the sticking of a membrane strip in MEMS under the Casimir effect [J]．Journal of Micromechanics and Microengineering，2001，11（3）：202-208．

[19] Zhao Y P，Wang L S，Yu T X．Mechanics of adhesion in MEMS [J]．Journal of Adhesion Science and Technology，2003，17（4）：519-546．

[20] 赵亚溥．表面与界面物理力学 [M]．北京：科学出版社，2012．

[21] Guo J G，Zhao Y P．The size-dependent elastic properties of nanocrystals with surface effects [J]．Journal of Applied Physics，2005，98：074306．

[22] Zhang T Y，Wang Z J，Chan W K．Eigenstress model for surface stress of solids [J]．Physical Review B，2010，81（19）：195427．

[23] Yuan Q Z，Zhao Y P．Precursor film in dynamic wetting，electrowetting and electro-elasto-capillarity [J]．Physical Review Letters，2010，104（24）：246101．

[24] Yuan Q Z，Zhao Y P．Topology-dominated dynamic wetting of the precursor chain in a hydrophilic interior corner [J]．Proceedings of the Royal Society A，2012，468（2138）：310-322．

[25] Feng T J，Wang F C，Zhao Y P．Electrowetting on a lotus leaf [J]．Biomicrofluidics，2009，3（2）：022406．

[26] Berthier．Microdrops and digital microfluidics [J]．New York：William Andrew，2008．

[27] Keesom W H．On the deduction of the Equation of State from Boltzmann's Entropy Principle [J]．Koninklijke Nederlandse Akademie Van Wetenschappen Proceedings，1912，15．

[28] Debye P J W．Die van der Waalsschen kohäsionskräfte [J]．Physikalische Zeitschrift，1920，21：

178-87.

[29]   Debye P J W. Molekularkräfte und ihre elektrische deutung [J]. Physikalische Zeitschrift, 1921, 22: 302-328.

[30]   Meyer E E, Rosenberg K J, Israelachvili J. Recent progress in understanding hydrophobic interactions [J]. Proceedings of the National Academy of Sciences of the United States of America, 2006, 103 (43): 15739-15746.

[31]   Derjaguin B V. Definition of the concept of, and the magnitude of the disjoining pressure and its role in the statics and kinetics of thin layers of liquids [J]. Kolloidnyi Zhurnal, 1955, 17: 191-197.

[32]   Derjaguin B V, Churaev N V, Muller V M. Surface forces [M]. New York: Consultants Bureau, 1987.

[33]   Alexander K L, Li Dongqing. Line tension and wettability effects on reduced gravity nucleate Boiling heat transfer [J]. The Canadian Journal of Chemical Engineering, 1995, 73 (12): 817-825.

[34]   马学虎, 张宇. 线张力对接触角影响的理论分析 [J]. 应用基础与工程科学学报, 2004, 12 (3): 268-272.

[35]   Churaev N V, Sobolev V D. Prediction of contact angles on the basis of the Frumkin-Derjaguin approach [J]. Advances in Colloid and Interface Science, 1995, 61: 1-16.

[36]   Ghosh M, Stebe K J. Spreading and retraction as a function of drop size [J]. Advances in Colloid and Interface Science, 2010, 161 (1-2): 61-76.

[37]   James H R, Smith J R, Ferrante J. Universal features of bonding in metals [J]. Physical Review B, 1983, 28 (4): 1835-1845.

[38]   Smith J R, Perry T, Banerjea A, et al. Equivalent-crystal theory of metal and semiconductor surfaces and defects [J]. Physical Review B, 1991, 44 (12): 6444-6465.

特殊浸润性表面的
开发制备与性能研究

第3章

激光加工与自组装构建硅/镁基超疏水表面

单晶硅作为一种半导体材料，广泛应用在制造半导体元器件领域，也是构建微/纳电子机械系统[1]的重要原料。MEMS/NEMS 作为集微机构、微传感器、微执行器和微电子器件于一体的微型装置或系统，其经过近二十多年的发展，已取得长足的进步。尽管每年都有大量的关于 MEMS/NEMS 装置或产品被报道，但目前只有一小部分被成功推向市场，究其原因，黏附与摩擦问题是限制 MEMS/NEMS 广泛应用的最主要因素[2-5]。人们对 MEMS/NEMS 的研究发现，伴随着系统特征尺寸的不断减小，微尺度下的物理现象与宏观世界呈现出较大的差异，最显著的特征就是呈现出尺寸效应与表面效应。因此，随着尺寸不断减小，与尺度效应、表面效应密切相关的毛细吸附力（capillary force）[6-7]、范德瓦耳斯力（van der Waals force）[8-9]、静电力（electrostatic forces）、卡西米尔力（Casimir force）和氢桥键力（hydrogen-bridge）[10] 等均不可忽略。

人们对自然生物界超疏水表面的研究发现，许多超疏水表面具有低黏附、自清洁的特性，通过对材料进行超疏水改性处理，可以有效地控制材料表面层的润湿、黏着、润滑和磨损性能等，在 MEMS/NEMS 领域具有广泛的应用前景[11-12]。因此，近年来对单晶硅进行超疏水改性处理越来越受到关注。

轻金属镁及其合金具有比强度高、比刚度高、热疲劳性能好、良好的生物相容性，通过对镁及其合金进行超疏水改性处理，获取镁基超疏水表面，可以进一步扩大镁及其合金的应用范围。如将超疏水性镁合金应用在 MEMS/NEMS 中[13-15]，可以改善其黏附与摩擦问题；镁基超疏水材料在自清洁表面、航空航天飞行器和户外天线的防覆冰、军用舰艇外表面流体减阻、材料表面防氧化和防止电流传导等方面均有广泛的应用。

激光加工[16-17] 是近几十年来发展起来的一种实现材料表面微造型的有效技术手段，基于激光自身具有光束单色性强、能量密度高、传递快速、空间和时间的可控性良好等优点，激光微造型不仅高效精密，而且成本低、易操控，通过在材料表面形成一定厚度的处理层，可以改善材料表面的力学性能、冶金性能、物理性能，从而提高零件、工件的耐磨、耐蚀、耐疲劳等一系列性能，可以满足各种不同的使用要求[18]。目前它已广泛应用于材料加工和表面改性处理等领域。

自组装分子膜（self-assembled monolayers，简称 SAMs）成膜技术具有热力学稳定、分子排列致密有序、与基体结合良好、成膜不受表面形状粗糙度影响、可人为对分子结构进行操作控制来获得预期界面性质等优点[19-22]。自组装分子膜是基片在接触到具有表面活性的有机溶剂的过程中，通过固液界面的化学吸附，将活性剂分子的反应基（头基）与基片表面物质自动发生连续的化学反应，基片表面形成紧密排布的由化学键连接的有序二维单层膜，同层内分子间的作用力主要为范德瓦耳斯力和静电力，自组装分子膜的组成结构与反应示意图如图 3.1 所示。

由图可见，自组装分子膜的组成结构主要由三部分组成：①分子头基，与基底表面以离子键（如 CO_2^-、Ag^+）或共价键（如 Si-O 键及 Au-S 键等）相结合，该反应过程为放热反应，活性分子会尽可能地与基底表面反应点相结合；②分子的烷基链，烷基链相互之间通过范德瓦耳斯力作用（如果烷基链自身带有极性基团，则存在静电作用）从而实现在固体表面形成有序紧密排列；③ 分子末端基团，如 —CH$_3$、—OH、—COOH、—NH$_2$ 以及 —CF$_3$ 等，通过选择末端基团可以获得具有不同物理化学性能的表面，从而实现人为控制分子结构，以期获得预期界面性质。

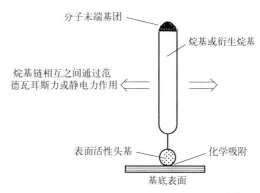

图 3.1　SAMs 的组成结构及反应示意图[19]

近年来随着人们对自组装技术研究的不断深入，自组装分子膜在减摩[23-26]等方面的优点使其在 MEMS/NEMS 等领域具有广泛的应用前景[27-29]。

本章对硅、镁合金表面通过激光加工在基底表面构建微结构，再利用低表面能物质自组装分子膜来进行表面修饰，从而制备出具有超疏水性的硅基、镁合金基底表面。

3.1

材料与制备

3.1.1　材料与试剂

研究中使用的硅材料为 N 型掺杂 Sb 的单晶硅（111），其电阻率在 $0.010 \sim 0.015\Omega \cdot cm$ 之间，购自北京有色金属研究院；镁合金材料为 Mg-Mn 合金系，牌号为 MB8，其组分和力学特性见表 3.1 和表 3.2。

表 3.1　MB8 镁合金合金的组分

组分	Mn	Ce	Al	Zn	杂质	Mg
质量分数/%	1.5～2.5	0.15～0.25	0.20	0.30	0.30	余量

表 3.2　MB8 镁合金力学特性

力学性能	σ_b/MPa	$\sigma_{0.2}/MPa$	$\delta_{10}/\%$
数值	225	118	11

研究中使用的成膜有机硅烷有 2 种，分别是：1H,1H,2H,2H-全氟辛烷基三氯硅烷 [CF$_3$(CF$_2$)$_5$(CH$_2$)$_2$SiCl$_3$，1H, 1H, 2H, 2H-Perfluorooctyltrichlorosilane，简称 FOTS]，其纯度为 97%；1H,1H,2H,2H-全氟葵烷基三氯硅烷 [分子式为 CF$_3$(CF$_2$)$_7$(CH$_2$)$_2$SiCl$_3$，1H,1H,2H,2H-Perfluorodecyltrichlorosilane，简称 FDTS]，其纯度为 97%，均购自加拿大 Fluka 公司，其各自分子结构如图 3.2 所示。

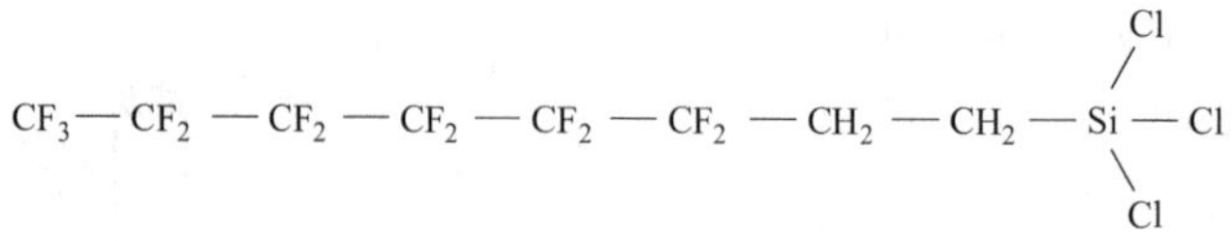

$$CF_3 — CF_2 — CF_2 — CF_2 — CF_2 — CF_2 — CH_2 — CH_2 — Si — Cl$$

(a) FOTS

$$CF_3 — CF_2 — CF_2 — CF_2 — CF_2 — CF_2 — CF_2 — CF_2 — CH_2 — CH_2 — Si — Cl$$

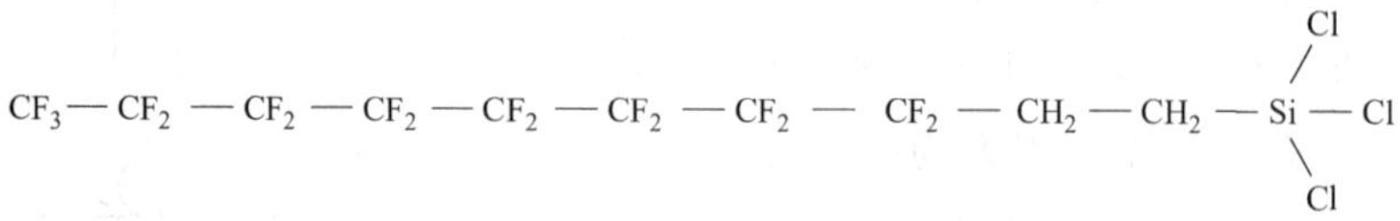

(b) FDTS

图 3.2　成膜试剂的分子结构

其余试剂包括：异辛烷、丙酮、乙醇等均为分析纯。

3.1.2　制备过程

（1）试样预处理

将硅片切割成 8mm×8mm 大小，将其依次放入丙酮、乙醇和超纯水中超声清洗 3min，去除表面杂质，用高纯氮气吹干。

将 MB8 合金板切割成 20mm×20mm×2mm 大小，经 240#、600#、1000# 砂纸研磨处理，其后依次放入丙酮、乙醇和超纯水中超声清洗 2min，去除表面杂质，用高纯氮气吹干。

（2）激光加工

本研究中使用的激光加工设备为武汉华工激光工程有限责任公司生产的 HGL-LSY50F 激光加工设备，采用掺钕钇铝石榴石固体激光器，即在钇铝石榴石基质晶体中掺入三价稀土元素钕离子，用氙灯的闪光照射掺钕钇铝石榴石。该设备主要包括激光器部件、冷却循环降温部件和计算机主控部件三部分，其结构示意图如图 3.3 所示。

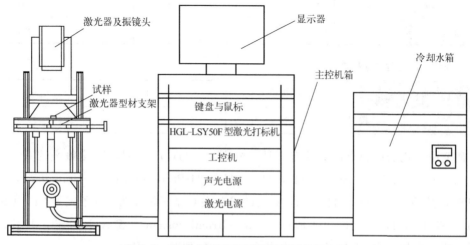

图 3.3　HGL-LSY50F 型激光打标机示意图

该设备工作电压为 220V，激光器最大输出功率为 75W，激光波长 1064nm，焦距 $f=160mm$，声光电源激光照射原光斑直径为 $20\mu m$，可以通过选用光栅来控制光斑直径。工作中通过控制输出频率、电流强度、光照时间和光栅直径来控制激光加工强度，采用计算机控制来实现激光对试样表面的微造型。

对硅片表面进行激光加工设置参数为：调制频率 3.14kHz，输出电流为 13.0A，激光加工过程无光栅调控，试样表面的微造型结构为固定点阵纹理，点阵加工设置间距分别为 $60\mu m$、$70\mu m$、$80\mu m$、$90\mu m$ 和 $100\mu m$，激光加工的光照时间分别为 1ms 和 2ms。

对 MB8 镁合金进行激光加工设置参数为：调制频率 3.14kHz，输出电流为 13.0A，激光加工过程中使用的光栅直径为 1.6mm，试样表面的微造型结构包括点阵加工、直线加工和方形网格加工三种结构形式，三种表面结构的间距均为 $50\mu m$，激光加工的光照时间为 2ms。

（3）自组装分子膜的制备

本研究中自组装分子膜的制备方法是首先对两种试样表面进行充分羟基化，将处理过的基底放入配置的有机硅烷溶液中，通过自组装分子头基与基底发生化学反应生成有序排布的自组装分子单层膜。

目前，对基底进行羟基化主要有三种技术手段：①碱液羟基化，即 45℃恒温下的碱液对基底进行羟基化，该碱液的组成如表 3.3 所示；②强酸羟基化，即 90℃恒温下的 Piranha 溶液（$98\% H_2SO_4 : H_2O_2 = 7 : 3$，体积比），该方法羟基化时间不宜过长，否则会对基底的表面造成破坏；③紫外照射羟基化，该过程是由于基底表面存在的微量水分子与紫外照射过程产生的氧原子发生反应形成羟基，其反应机理为：$O_2 + h\nu \longrightarrow 2O$，$O + H_2O \longrightarrow 2OH$。胡晓莉对紫外照射羟基化硅基底的效果进行的研究发现[29]，该方法与使用 Piranha 溶液对基底羟基化的效果没有太大差别，且对基底没有破坏作用。由于 MB8 镁合金性质较为活泼，不适合溶液羟基化，采用紫外照射羟基化；硅片由于自身性质稳定，采用强酸 Piranha 溶液进行表面羟基化。

表 3.3　碱液成分

碱液	$Na_3PO_3 \cdot 12H_2O/(g/L)$	$NaOH/(g/L)$	$Na_2SiO_3 \cdot nH_2O/(g/L)$
含量	50	20	25

为了尽量避免外界因素对自组装制备过程造成影响，自组装分子膜的沉积制备过程在 DZF-6050 型超真空干燥箱中进行，具体的实验步骤如图 3.4 所示。

自组装分子 FOTS 和 FDTS 与羟基化的硅基、镁合金基表面发生化学反应，首先，FOTS 和 FDTS 分子在溶剂中发生水解反应，其反应过程如下：

$$R\!-\!SiCl_3 + 3H_2O \xrightarrow{H^+或OH^-} R\!-\!Si(OH)_3 + 3HCl$$

其次，水解后的 FOTS 和 FDTS 分子与基底表面发生羟基缩合反应：

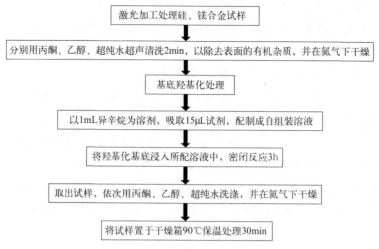

图3.4 自组装分子膜制备流程图

$$R—Si—OH + HO—Si \longrightarrow R—Si—O—S + H_2O$$

与此同时，水解后的 FOTS 和 FDTS 分子与相邻的分子发生缩合反应形成硅氧键 (Si-O-Si)[30]：

$$R—Si—OH + HO—Si—R \longrightarrow R—Si—O—Si—R + H_2O$$

自组装分子 FOTS 和 FDTS 经过以上一系列反应后，在试样表面形成有序排布的单层分子膜，其反应过程示意图如图 3.5 所示。

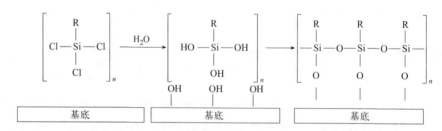

图 3.5　FOTS/FDTS 分子与羟基化的表面相互作用示意图

（4）镁合金试样漂浮平台的构建

利用机械加工将 MB8 镁合金试样制备成漂浮平台，将经不同工艺处理过的表面选定为平台外底面，构造出上开口的水槽形漂浮平台，平台内槽的尺寸选定为 16mm×16mm×1.5mm，该平台结构示意图如图 3.6 所示。表 3.4 为底面经不同工艺处理过的平台列表。

特殊浸润性表面的
开发制备与性能研究

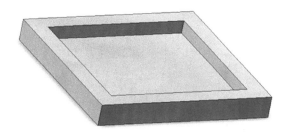

图 3.6　漂浮平台结构示意图

表 3.4　漂浮平台列表

平台地面经不同工艺处理	平台编号
抛光表面	1
点阵纹理	2
直线纹理	3
网格纹理	4
抛光表面修饰 FDTS	5
点阵纹理表面修饰 FDTS	6
直线纹理表面修饰 FDTS	7
网格纹理表面修饰 FDTS	8

3.1.3　测试与表征

本研究利用 Phillips XL30 扫描电子显微镜和日本 KEENCE 公司的 VHX-600E 型超景深三维显微镜对经激光加工后的试样形貌结构进行表征；采用德国 Hommel T6000 粗糙度仪对试样表面粗糙度进行测量；用德国产的 Easy-Drop 型接触角测量仪（水滴测定为 $2\mu L$）测定试样表面的接触角；用 SARTORIUS 公司生产的 AG-BS224S 电子天平对漂浮平台的承载能力进行测量；用 OLYMPUS 光学显微镜对漂浮状态下的平台底面进行观察记录。承载能力测量方法为：将加工好的平台平置漂浮于水面上，将负载物分批次放置到平台上，记录每次放置的负载物质量，直至平台的漂浮能力不能承受负载物的质量，放置到平台上的负载物总质量即为平台的负载能力。图 3.7 所示为负载状态下的漂浮平台示意图。

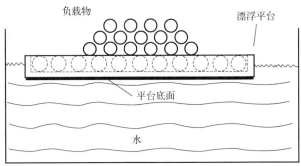

图 3.7　负载状态下的漂浮平台示意图

3.2

结果与讨论

3.2.1 形貌表征与分析

（1）硅片试样

图 3.8～图 3.12 和图 3.13～图 3.17 分别为激光加工光照时间为 1ms 和 2ms，点阵间距分别为 $60\mu m$、$70\mu m$、$80\mu m$、$90\mu m$ 和 $100\mu m$ 硅片试样的表面形貌。由这些 SEM 和三维形貌图可见，硅片试样经激光加工形成了规则的点阵形式的结构，两组试样的表面纹理深度，光照时间 2ms 的试样明显大于 1ms 光照时间的试样，分析认为激光光照时间增加，激光加工强度增大，材料表面在激光高温作用下，去除量随光照时间的增加而增大。

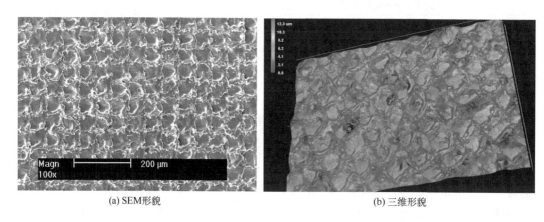

(a) SEM形貌   (b) 三维形貌

图 3.8 光照时间 1ms 间距 60μm 的激光加工硅片试样的表面形貌

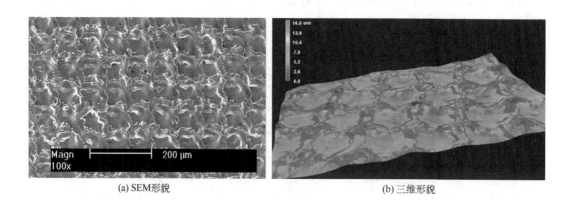

(a) SEM形貌   (b) 三维形貌

图 3.9 光照时间 1ms 间距 70μm 的激光加工硅片试样的表面形貌

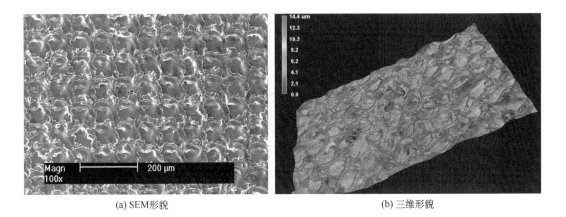

(a) SEM形貌　　　　　　　　　　　　　(b) 三维形貌

图 3.10　光照时间 1ms 间距 80μm 的激光加工硅片试样的表面形貌

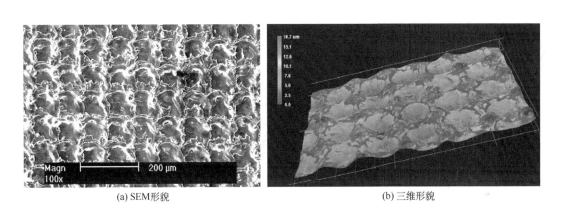

(a) SEM形貌　　　　　　　　　　　　　(b) 三维形貌

图 3.11　光照时间 1ms 间距 90μm 的激光加工硅片试样的表面形貌

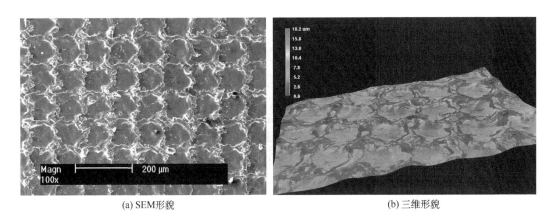

(a) SEM形貌　　　　　　　　　　　　　(b) 三维形貌

图 3.12　光照时间 1ms 间距 100μm 的激光加工硅片试样的表面形貌

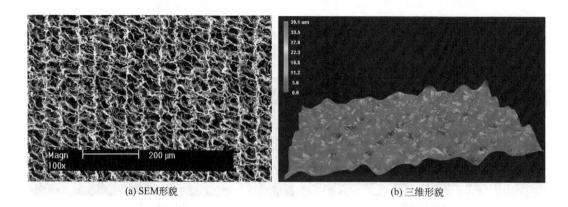

(a) SEM形貌　　　　　　　　　　　(b) 三维形貌

图 3.13　光照时间 2ms 间距 60μm 的激光加工硅片试样的表面形貌

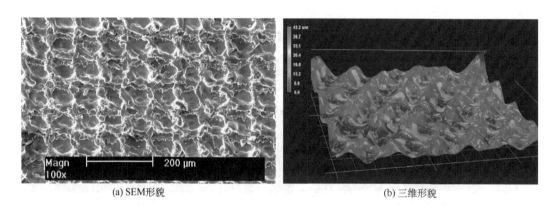

(a) SEM形貌　　　　　　　　　　　(b) 三维形貌

图 3.14　光照时间 2ms 间距 70μm 的激光加工硅片试样的表面形貌

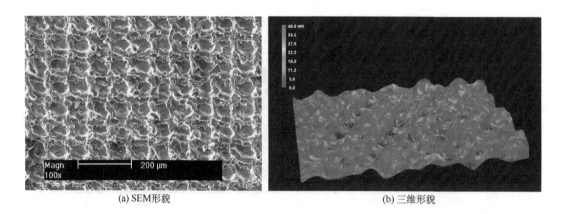

(a) SEM形貌　　　　　　　　　　　(b) 三维形貌

图 3.15　光照时间 2ms 间距 80μm 的激光加工硅片试样的表面形貌

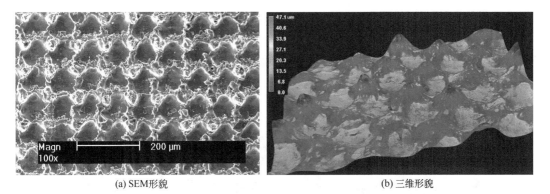

(a) SEM形貌   (b) 三维形貌

图 3.16　光照时间 2 ms 间距 90 μm 的激光加工硅片试样的表面形貌

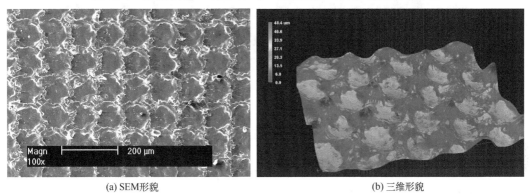

(a) SEM形貌   (b) 三维形貌

图 3.17　光照时间 2 ms 间距 100 μm 的激光加工硅片试样的表面形貌

　　由三维形貌测得的试样点阵纹理深度与加工间距的关系如图 3.18 所示，点阵加工的深度随着点阵间距的增大而逐渐增加。产生这种变化趋势的主要原因是激光加工高温作用使硅片试样加工点发生熔化：激光加工点阵间距较小时会有熔融态的硅材料流到邻近的加工点内，从而造成间距较小时点阵坑的深度较小［对比图 3.8～图 3.12 和图 3.13～图 3.17 中的三维形貌结构图（b）可见］；而当间距较大时，熔融态的硅材料熔汇到邻近加工点的材料较少，造成加工坑的深度较大。由三维形貌图清晰可见，经过激光加工和沉积 FOTS 自组装分子膜后，试样表面形成一个个的凹坑，凸起部分为非激光加工照射区域，其形成规则的点阵结构。

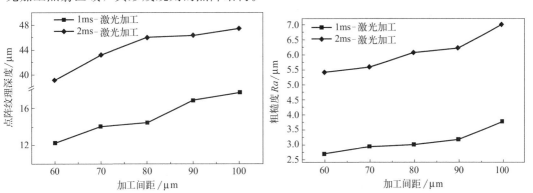

图 3.18　不同间距下激光加工的试样表面形貌深度   图 3.19　不同激光加工间距下的试样表面粗糙度

硅片试样的表面粗糙度与激光加工间距之间的关系如图3.19所示。由该关系图可见，光照时间为2ms的激光加工的试样表面粗糙度明显大于1ms光照时间的试样，且两组试样的表面粗糙度均随间距的增大而逐渐变大。

（2）MB8镁合金试样

图3.20所示为激光加工镁合金试样具有不同纹理结构的表面形貌。

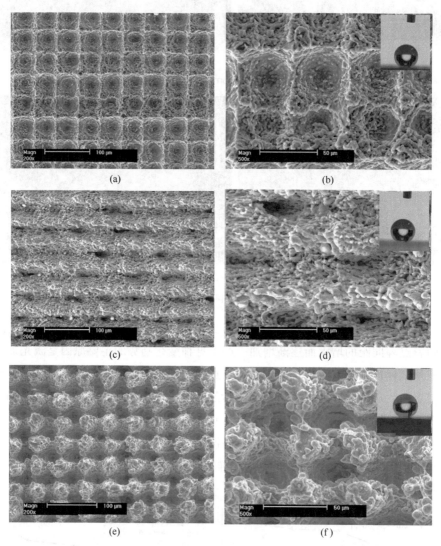

(a)

(b)

(c)

(d)

(e)

(f)

图3.20　激光加工镁合金试样的SEM表面形貌

由图3.20（a）可见，试样在激光作用下形成有序排布的凹坑，凹坑之间分布有规则的直线突起，分析认为，激光以凹坑为光照作用点，在高温能量的照射下，凹坑处原有的合金材料被灼烧、去除，未被直射区域得以保留从而形成规则的点阵纹理结构。

由图3.20（c）可见，激光以直线运动的形式作用在合金试样表面，直射区域形成沟槽的形式，而未经光照直射区域表面附着微米尺度的生成物，分析认为，激光光照作用使一部分合金材料熔化，熔融态的合金在沟槽两侧冷却，从而形成直线纹理结构。

由图 3.20（e）可见，在网格纹理表面上，沟槽与沟槽相交的位置形成了深度较大的穴坑，这是由于激光光照作用叠加的效果，能量在此处聚集，从而造成材料的去除量增大，这些沟槽与穴坑的尺寸均在几十个微米左右；而受激光照射影响较小的区域则形成了明显的突起。分析认为试样在激光加工过程中，表面材料不断被激光所发出的高温能量熔化，同时由于激光光束的运动使照射区域逐渐移动，在热扩散作用下，经光束照射后的材料表面温度迅速降低，从而使液体金属重新凝固，因而在非照射区域聚集许多尺寸较小的再凝固突起物。这些突起物大多附着在非照射区域的顶部和周围，呈柱状、球状、圆盘状附着在试样表面上，其尺寸从亚微米到几个微米不等。

3.2.2 试样表面浸润性

（1）硅试样表面接触角

硅片试样表面的接触角约为 40°，基底呈现亲水性；经激光加工后，硅片试样的实测接触角均小于 20°。经激光加工后试样接触角变小的原因，是由于硅片试样在激光加工的过程中，其表面层在激光的高温灼烧的作用下使其单位面积上分散到硅材料内部相同面积上存留的剩余能增大，即表面自由能增大，当硅表层的表面自由能增大到等于或大于去离子水（接触角测量仪中所用的测量液体）的表面张力时，去离子水就会铺展在试样硅表面上，因此其接触角变小。

未进行激光加工硅片上沉积 FOTS 自组装分子膜后测得的接触角约为 110°。激光点阵纹理加工后的两组试样沉积 FOTS 自组装分子膜后，其接触角都明显大于未经激光加工而直接进行 FOTS 成膜的试样的接触角。接触角的平均值与激光加工的点阵间距之间的关系如图 3.21 所示。由图可见，不同的光照时间下的两种激光加工，接触角均随加工间距的增大而减小，且光照时间 2ms 的试样接触角明显大于光照时间较短的 1ms 的试样。两组试样的最大接触角值分别可以达到 137.5°（1ms 激光光照时间）和 156°（2ms 激光光照时间），其间距均为 60μm（当间距小于 60μm 时，由于激光光束的限制，表面不再能够形成规则的纹理结构），由此可见，FOTS 分子膜层在硅基表面的沉积制备对试样表面疏水性的提高中起到重要作用。

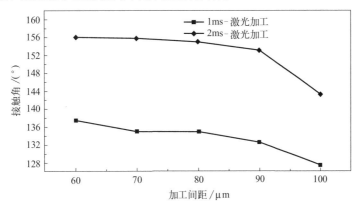

图 3.21 不同激光加工间距下的接触角

（2）镁合金试样表面接触角

为了研究激光加工和自组装分子膜对 MB8 合金试样的浸润性的影响，分别测量了不同工艺处理后的试样表面接触角，如表 3.5 所示。

表 3.5　MB8 合金在不同工艺处理后的接触角

工艺	接触角/(°)
抛光表面	61.4
三种激光加工纹理表面	0
抛光表面修饰 FDTS	120.9
点阵纹理表面修饰 FDTS	150.8
直线纹理表面修饰 FDTS	156.5
网格纹理表面修饰 FDTS	159.1

在激光加工前经抛光处理的光滑 MB8 合金试样接触角约为 61.4°，说明合金试样基底本身表现为亲水性；经激光加工后，三种具有不同表面纹理的合金试样的实测接触角均为 0°，表现出超亲水特性，分析认为产生这种超亲水特性的原因可能是：①激光加工过程中在镁合金表面瞬时放出大量的光和热，在此过程中有大量的能量扩散到镁合金表面层中，使分散在合金材料表面单位面积上存在的剩余能增大，即表面自由能增大，当试样表层的表面自由能增大到接近或大于去离子水的表面张力时，诱发去离子水铺展在试样表面上（即相似相溶原理[31]），因此其接触角迅速减小；②镁合金经激光加工后，表面微观形貌凹凸不平且存在许多微孔结构，这些微观粗糙形貌的存在增强了该表面与去离子水之间的范德瓦耳斯力和毛细吸附力[32]，由此导致此表面对去离子水的吸附作用加强，使水滴在其表面上扩散、铺展。抛光处理的合金试样上沉积 FDTS 自组装分子膜后测得的接触角为 120.9°，这是由于 FDTS 分子在水解后与已发生羟基化试样表面上的羟基结合，试样表面上相邻的 FDTS 分子之间发生水解缩和反应，在试样表面形成有序的排布，从而使该试样呈疏水性。激光加工和沉积 FDTS 自组装分子膜后，三种具有不同表面纹理试样的接触角分别可以达到 150.8°、156.5°和 159.1°[见图 3.20（b）、（d）、（f）]，通过对比以上几种处理工艺可知，造成试样达到超疏水性的原因是该表面的粗糙结构和低表面能物质 FDTS 共同作用的结果。

3.2.3　硅片表面浸润性讨论与理论分析

液滴在固体表面上处于稳态时，其接触角是固液、固气、液气界面上的表面张力相互作用的结果，此时稳定状态下的系统能量之和是最低的[33]。对于平整的硅表面经沉积 FOTS 自组装分子膜后得到的接触角可以通过 Young's 方程加以解释：

$$\cos\theta_0 = (\gamma_{SV} - \gamma_{SL})/\gamma_{LV} \tag{3.1}$$

三相界面上的表面张力相互作用处于平衡状态，得到本征接触角 θ_0。

为了研究制备得到具有微几何尺度形貌的表面对固体疏水性能的影响，利用经典状态模型加以分析。在 Wenzel 模型中，认为液体完全充满粗糙表面上的凹槽，从而使表观几何上观察到的接触表面小于实际上的液固接触面积，此时的表观接触角大于本征接触角，这是仅仅靠改变固体表面的化学成分所不能达到的。利用其能量平衡方程可以得到 Wenzel 公式：

$$\cos\theta = r\cos\theta_0 \tag{3.2}$$

式中，θ 为表观接触角；r 为液体与粗糙表面的实际接触面积和表观接触面积之比。

在 Cassie-Baxter 模型中，认为液滴在具有微细结构化的粗糙表面上的接触是一种复合接触。由于粗糙表面的微细结构尺寸小于液滴的尺寸，因此液滴并不能填充粗糙表面上的凹槽，在液滴下将会有一部分空气存在，所以这种表观上的固液接触面实际上是由固液接触面和气液接触面共同组成的。此时的接触角满足如下关系：

$$\cos\theta = \phi_{SL}(1+\cos\theta_0) - 1 \tag{3.3}$$

式中，ϕ_{SL} 为固液接触面积占整个接触面积的百分比。

由上述两个模型可知，利用参数 r 和 ϕ_{SL}，可以通过式（3.2）和式（3.3）得到 Wenzel 模型和 Cassie-Baxter 模型中的理论接触角。对微几何形貌固体表面采用近似处理的方法，如图 3.22 所示为表面结构参数示意图，从而得到 r 和 ϕ_{SL} 的计算公式如下：

$$r = \frac{p^2 + \pi dh}{p^2}, \phi_{SL} = \frac{\pi d^2}{4p^2} \tag{3.4}$$

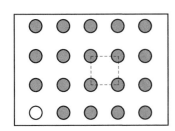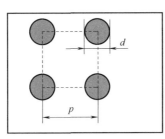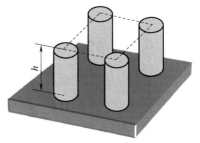

图 3.22　微结构表面参数示意图

利用式（3.4）计算得到的参数 r 和 ϕ_{SL}，从而可以由式（3.2）和式（3.3）得到 Wenzel 模型和 Cassie-Baxter 模型的理论关系曲线图，如图 3.23 所示。

由图 3.23 可见，在 Wenzel 模型中实际数据点的分布趋势明显不符合理论曲线的预测值。在 Cassie-Baxter 模型中，可以看到实测数据点的分布趋势与理论曲线基本吻合。在该模型的曲线上选取 $\phi_{SL} = 0.204$ 为临界分界点（以疏水与超疏水的接触角理论值150°为界），测得超疏水数据点和疏水性数据点其对应的实测接触角与理论接触角的相对偏差值分别为 0.029%～1.310% 和 0.987%～2.132%。

可见，超疏水数据点相对偏差值较小，其更接近于理论曲线的预测。由式（3.4）可得，当变量 d/p 小于 0.510 时，硅试样表面为超疏水表面，且与 Cassie-Baxter 模型预测的接触角相一致。

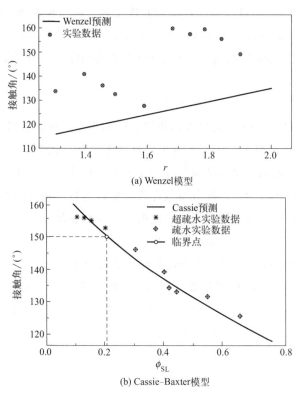

(a) Wenzel模型

(b) Cassie–Baxter模型

图 3.23　实验数据与理论曲线对比

3.2.4　镁合金试样表面浸润性讨论与理论分析

为了进一步对制备得到的具有不同工艺表面的浸润性进行分析，对具有不同润湿性的漂浮平台进行承载能力测量，测量结果如图 3.24 所示。

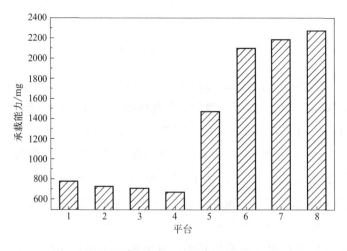

图 3.24　不同平台的承载能力

由该图可见，经不同工艺处理过的平台其承载能力大小为：

平台 8＞平台 7＞平台 6＞平台 5＞平台 1＞平台 2＞平台 3＞平台 4

分析认为，平台的承载能力与平台底面的浸润性相关，接触角越大，平台的承载能力越强；亲水和超亲水平台的承载能力远远小于疏水和超疏水平台。根据阿基米德排水定律可知，8 个经不同工艺处理的平台在其自重一致的情况下，其承载能力的差异是由各自的最大排水体积的不同造成的。对具有同样相近浸润性的平台 2、3、4 而言，由于三种表面在激光加工作用下受激光照射的区域面积不同，造成其各自材料去除量存在差异，因此其排水体积不一致，导致平台 2、3、4 的排水量依次下降，故其承载能力也依次下降。具有亲水性的平台 1 承载能力大于超亲水平台 2、3、4 的原因是激光加工使平台 2、3、4 的底面出现微米级的细小微坑，同时造成该底面的表面自由能增大，在范德瓦耳斯力和毛细吸附力的作用下，水很容易进入到微坑中，形成超亲水状态，从而使平台 2、3、4 在漂浮状态下排出水的体积下降，造成该平台浮力下降，因此其承载能力小于光滑底面的平台 1。对于底面同样光滑，浸润性存在明显差异的平台 1 和平台 5 而言，疏水性平台 5 的承载能力明显大于亲水性平台 1，分析认为，低表面能物质 FDTS 在光滑平台上发生水解缩合反应，在镁合金基底上有序排布，从而形成纳米级的团簇。由此推断，这些疏水性的团簇对提高平台 5 的承载能力具有一定辅助作用。超疏水性平台 6、7、8 的承载能力明显大于其它五个平台，且超疏水平台的承载能力与其接触角的大小成正比，接触角越大，其承载能力越强。

以网格纹理试样构建的超疏水平台 8 为例，对其在漂浮状态下的底面进行观察，将带有漂浮状态平台的透明水槽置于光学显微镜的载物台上进行光学观察发现，平台底面与水接触的区域存在明显的白色斑点 ［见图 3.25（b）］，对比相同纹理构建的超亲水平台 4 在漂浮状态下的底面光学图片 ［见图 3.25（a）］，没有发现类似的白色斑点（白色斑点是由于在水与平台底面之间存在空气，在金相显微镜光源的照射下，其光学表象为白色）。由此可见，漂浮状态下超疏水平台 8 的底面与水面之间存在的空气可以增加平台 8 在此状态下的排水体积，即增大该平台的承载能力，因此，超疏水性平台 6、7、8 的承载能力远大于其它五个平台。

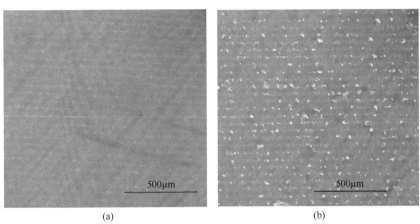

(a)   (b)

图 3.25　漂浮状态平台的底面光学图片

漂浮状态下超疏水平台底面与水之间存在气体，则必然在该表面的微/纳米结构中存在"气垫"，从而证实了该超疏水表面更接近于 Cassie-Baxter 模型，而不是认为液体能够完全充满粗糙表面的 Wenzel 模型。

为了从理论计算的角度，进一步对本实验中制备得到的超疏水表面状态进行分析，利用两类经典状态模型：Wenzel 模型和 Cassie-Baxter 模型，对制备得到的规则结构表面进行分析。

基于式（3.2）、式（3.3）和式（3.4），可得到 Wenzel 模型和 Cassie-Baxter 模型中的理论接触角。为了进一步验证制备得到的 MB8 镁合金超疏水状态与两种状态模型的关系，以方形网格纹理表面结构为例，对该表面的微几何形貌采用近似处理的方法（忽略乳突上存在的微小尺寸附着物，利用图 3.22 所示的表面结构）。图 3.26 所示为激光加工后镁合金表面具有网格纹理试样的横截面形貌，其上形成的乳突直径、乳突高度的数值均在扫描电镜下实测获得，从而得到式（3.4）中的参数尺寸。

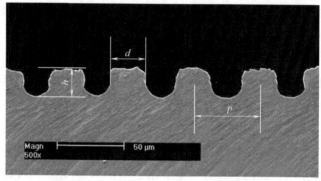

图 3.26　网格纹理试样的横截面 SEM 形貌

本研究中，本征接触角为沉积自组装分子膜的光滑合金基底的接触角，其实测值为 $\theta_0 = 120.9°$（见表 3.5）。利用以上数据，可由式（3.1）、式（3.2）和式（3.3）计算得到在两种不同模型中的理论接触角 θ_W、θ_C，并与实测接触角 θ_T 相比较。应用类似的方法，获得三种表面微结构纹理的结构参数并进行计算得到的数据见表 3.6。

表 3.6　实验参数与计算结果

参数	点阵纹理表面	直线纹理表面	网格纹理表面
$P/\mu m$	50.0	50.0	50.0
$d/\mu m$	15.4	18.1	28.7
$h/\mu m$	6.5	13.1	18.8
r	1.8	1.5	1.6
ϕ_{SL}	0.52	0.36	0.26
$\theta_W/(°)$	164.9	141.3	149.5
$\theta_C/(°)$	138.4	145.6	151.9
$\theta_T/(°)$	150.8	156.5	159.1
$\theta_W - \theta_T/\theta_T$	0.094	-0.097	-0.060
$\theta_C - \theta_T/\theta_T$	-0.082	-0.070	-0.045

由表 3.6 中两种状态模型获得的理论接触角与实测接触角的相对误差对比可见，由 Cassie-Baxter 状态模型得到的相对误差小于 Wenzel 状态模型，由此进一步证实利用激光加工和沉积自组装分子膜获得的镁合金超疏水表面状态模型较为符合 Cassie-Baxter 状态模型。由表中理论接触角 θ_W 数值与实测接触角 θ_T 数值对比发现，理论接触角数值均小于实测接触角，分析认为，θ_W 数值是基于近似处理表面微结构获取的参数，在表面结构参数构建过程中忽略了乳突等结构物上存在的更小尺寸附着物。这些微尺寸附着物之间能够截留更多的"气垫"存在，因而能够进一步降低 ϕ_{SL}，因此实测接触角 θ_T 大于基于近似处理表面微结构获取参数而得到的理论接触角 θ_W。此理论计算证实了仅由微米级乳突结构构建的表面，其疏水性明显小于具有分级粗糙结构的表面；乳突顶部分布着的尺寸更小的附着物对疏水性的提高起到了增强作用。研究表明，通过微米级乳突与尺寸更小的附着物组成的复合粗糙结构可以有效地降低固体和液体之间紧密的接触，在固体与液体之间保留较单级粗糙结构更多的"气垫"，通过影响三相接触线的形状、长度和连续性从而大大提高了接触角，这与现有的研究相一致。

应用 Cassie-Baxter 状态模型，由点阵纹理、直线纹理和网格纹理三种超疏水表面的实测接触角 θ_C 可以得到三种超疏水表面的实际固液接触面积占整个接触面积的百分比 ϕ'_{SL} 依次为 0.26、0.17 和 0.14。由此三种超疏水表面构建的平台 6、7、8 的承载能力逐渐增大，可见其与 ϕ'_{SL} 成反比。平台承载能力越大，其对应的 ϕ'_{SL} 值越小，即漂浮状态下平台底面与水面的接触面中"气垫"所占比例越大，在平台底面与水之间存在的空气越多，因此超疏水平台的承载能力与接触角成正比。

3.3
本章小结

本章采用激光加工技术在硅基、MB8 镁合金基底表面上构造出规则排布的微米级粗糙结构，再利用自组装技术在该表面上制备有机硅烷自组装分子膜层，从而得到疏水/超疏水性表面。对表面结构及表面浸润性进行了分析，得出主要结论如下：

① 硅片试样通过激光加工构建表面纹理，试样表面的材料去除量随光照时间的增加而增大，表面纹理深度和表面粗糙度均随激光加工间距的增加逐渐变大；

② 利用激光加工和沉积 FOTS 自组装分子膜，可使硅基底由亲水转变为疏水和超疏水。试样表面的接触角随激光加工间距的减小而增大，在间距为 $60\mu m$ 时试样的水接触角最大；

③ 制备的疏水与超疏水硅基底的接触角与 Wenzel 模型的预测值偏差较大，而与 Cassie-Baxter 模型的预测值基本一致。当点阵直径与加工间距比小于 0.510 时，试样表面为超疏水表面；

④ 激光加工在镁合金表面制备得到规则微结构与低表面物质 FDTS 自组装分子膜

的共同作用实现了镁合金基底表面浸润性由亲水性向超亲水性再到超疏水性的转变；

⑤ 漂浮平台的承载能力与平台底面的浸润性相关，且随接触角的提高而变大。漂浮平台底面与水之间存在的空气是超疏水性平台承载能力显著提高的主要因素；

⑥ 利用 Wenzel 模型与 Cassie-Baxter 模型计算接触角，并与实测值相比较，计算结果和"气垫"的存在均证实了镁合金表面超疏水状态符合 Cassie-Baxter 状态模型；激光加工试样表面上存留的尺寸更小的附着物对构建微/纳二元粗糙结构提高表面超疏水性具有重要作用。

参 考 文 献

[1] Tummala R R. Fundamentals of microsystems packaging [M]. New York: McGraw-Hill, 2001.

[2] Komvopoulos K. Adhesion and friction force in microelectromechanical systems: Mechanisms, measurement, surface modification techniques, and adhesion theory [J]. J. Adhes. Sci. Technol., 2003, 17 (4): 477-517.

[3] Maboudian R, Howe R T. Critical review: Adhesion in surface micromechanical structures [J]. J. Vac. Sci. Technol., 1997, 15 (1): 1-20.

[4] Spengen V, Merlijin W, PuersRobert P, et al. On the physics of stiction and its impact on the reliability of microstructures [J]. J. Adhesion Sci. Technol., 2003, 17 (4): 563-582.

[5] Maboudian R. Surface processes in MEMS technology [J]. Surface Sci. Reports, 1998, 30 (6-8): 207-269.

[6] Mayer T M, de Boer M P, Shinn N D, et al. Chemical vapor deposition of fluoroalkysilane monolayer films for adhesion control in microelectromechanical systems [J]. J. Vac. Sci. Technol. B, 2000, 18 (5): 2433-2440.

[7] Maboudian R, Howe R T. Critical review: adhesion in surface micromechanical structures [J]. J. Vac. Sci. Technol. B, 1997, 15 (1): 1-20.

[8] Srinivasan U, Houston M R, Howe R T, et al. Alkyltrichlorosilane-based self-assembled monolayer films for stiction reduction in silicon micromachines [J]. J. MEMS, 1998, 7 (2): 252-260.

[9] MP De Boer, TA Michalske. Accurate method for determining adhesion of cantilever beams [J]. J. Appl. Phys., 1999, 86 (2): 817-827.

[10] Chan H B, Aksyuk V A, Kleiman R N, et al. Quantum mechanical actuation of microelectromechanical systems by the Casimir force [J]. Science, 2001, 291 (5510): 1941-1944.

[11] Nosonovsky M, Bhushan B. Roughness-induced superhydrophobicity: A way to design non-adhesive surfaces [J]. J. Phys. Condens. Matter., 2008, 20 (22): 225009.

[12] Li J, Xu J, Fan L, et al. Lotus effect coating and its application for microelectromechanical systems stiction prevention [J]. In Proceedings of the 54th Electronic Components and Technology Conference (ECTC), Las Vegas, USA, 2004, 1: 943-947.

[13] Mordike B L, Ebert T. Magnesium: properties—applications—potential [J]. Materials Science and Engineering: A, 2001, 302 (1): 37-45.

[14] Avedesian M M, Baker H. ASM specialty handbook: magnesium and magnesium alloys [J]. Ohio: materials Park, 1999.

[15] Katsura S, Harada N, Maeda Y, et al. Activation of restriction enzyme by electrochemically released magnesium ion [J]. Journal of Bioscience and Bioengineering, 2004, 98 (4): 293-297.

特殊浸润性表面的
开发制备与性能研究

[16] Boyd I W. Laser processing of thin films and microstructures: Oxidation, deposition, and etching of insulators [J]. Berlin and New York: Springer-Verlag, 1987.

[17] Bäuerle D. Laser processing and chemistry [J]. Berlin Heidelberg: Springer-Verlag, 2011.

[18] Majumdar J D, Manna I. Laser processing of materials [J]. Sadhana, 2003, 28 (3-4): 495-562.

[19] Bigelow W C, Pickett D L, Zisman W A. Oleophobic monolayers: I. Films adsorbed from solution in non-polar liquids [J]. Journal of Colloid Science, 1946, 1: 513-538.

[20] Zisman W A. Relation of the equilibrium contact angle to liquid and solid constitution [J]. Adv. Chem. Ser., 1964, 43: 1-51.

[21] Sagiv J. Organized monolayers by adsorption formation and structure of oleophobic mixed monolayers on solid surfaces [J]. J. Am. Chem. Soc., 1980, 102: 92-98.

[22] Ulman A. An introduction to organic ultra thin films, form langmuir to self-assembly [J]. Boston: Academic Press, 1991.

[23] Nikhi S T, Bhushan B. Nanotribological characterization of self-assembled monolayers deposited on silicon and aluminium substrates [J]. Nanotechnology, 2005, 16: 1549-1558.

[24] 孙昌国，张会臣. 基于自组装技术改性处理镁和铝金属的摩擦学特性研究 [J]. 功能材料，2008, 39 (10): 1761-1764.

[25] 孙昌国，张会臣. 基于自组装技术改性处理钛金属的摩擦学特性研究 [J]. 稀有金属材料与工程，2009, 38 (11): 1978-1982.

[26] Major R C, Kim H I, Houston J E, et al. Tribological properties of alkoxyl monolayers on oxide terminated silicon [J]. Tribology Letters, 2003, 14 (4): 237-244.

[27] Singh R A, Kim J, Yang S W, et al. Tribological properties of trichlorosilane-based one-and two-component self-assembled monolayers [J]. Wear, 2008, 265 (1-2): 42-48.

[28] Liu H W, Bhushan B. Nanotribological characterization of molecularly thick lubricant films for applications to MEMS/NEMS by AFM [J]. Ultramicroscopy, 2003, 97 (1-4): 321-340.

[29] 胡晓莉. 磁头表面超薄有机分子膜的制备和性能研究 [D]. 北京：清华大学，2005.

[30] Gauthier S, Aime J P, Bouhacina T, et al. Study of grafted silane molecules on silica surface with an atomic force microscope [J]. Langmuir, 1996, 12: 5126-5137.

[31] Tian F, Li B, Ji B, et al. Antioxidant and antimicrobial activities of consecutive extracts from Galla chinensis: The polarity affects the bioactivities [J]. Food Chemistry, 2009, 113 (1): 173-179.

[32] Honschoten J W, Brunets N, Tas N R. Capillarity at the nanoscale [J]. Chem. Soc. Rev., 2010, 39 (3): 1096-1099.

[33] McHale G, Newton M I. Frenkel's method and the dynamic wetting of heterogeneous planar surfaces [J]. Colloids and Surfaces A: Physicochemical and Engineering Aspects, 2002, 206 (1-3): 193-201.

第4章

浸泡刻蚀与低表面能物质
修饰铝镁合金基超疏水表面

材料表面浸润性是固体表面的重要特性之一，其取决于材料表面的化学性质和表面微观形貌。当材料表面具有较低的表面自由能时，其表现出疏水/超疏水性可以有效降低固-液界面间的摩擦与黏附[1]。同时，如果材料表面具有适宜的微观粗糙结构，使空气存留在微观间隙中，从而形成固-液-气三相复合接触表面，可以有效地降低该表面的自由能，产生良好的疏水性效果[2]。因此，超疏水作为固体表面浸润性的一种特例，引起了材料研究学者的广泛关注。

铝镁合金在汽车零部件、管道和压力容器、舰艇、通信和电子产品等领域有着广泛的应用。对铝镁合金材料进行超疏水改性，使其应用在舰艇的船体和管道内壁的建造，借助超疏水表面减阻、防腐特性可提高船舶、舰艇的航速和防腐性能；将超疏水性铝镁合金应用于制造雷达、电力传输线等户外设备，通过改善其表面抗露雪霜冰等性能，可有效提高设备抗击自然灾害的能力，提高户外设备的可靠性。因此，对铝镁合金超疏水表面改性研究具有重要意义。

目前，制备铝镁合金基底超疏水表面的工艺有：阳极氧化技术[3]、溶胶-凝胶法[4]、非均相成核技术[5]、化学电化学腐蚀法[6] 和火焰喷涂技术[7] 等。这些工艺无一不需要特殊的设备和复杂的工艺控制，且现阶段人们对于铝镁合金基底超疏水表面制备工艺的关注大多集中在制备得到的表面是否具有较大的静态接触角，对于水滴在其表面的动态特性——滚动倾斜角，特别是表面黏附力的研究较少提及。而具有特殊黏附性的超疏水表面在自清洁、防雪抗冰、减阻防腐、无损流体输送[8] 等方面均表现出极为诱人的应用前景。

本章采用溶液浸泡刻蚀和低表面能物质修饰的方法制备铝镁合金超疏水表面。通过调节铝合金在硫酸和氯化钠溶液中的浸泡时间来构造具有不同表面粗糙结构的铝镁合金基底，再利用自组装分子膜进行表面修饰，从而制备出具有不同黏附力的超疏水铝镁合金表面。该研究为铝镁基超疏水表面的获得，特别是具有不同黏附力超疏水表面的获得提供技术支持。

4.1
材料与制备

4.1.1　材料与试剂

实验使用铝镁合金系基底材料为 5083 铝镁合金，其组分见表 4.1。

表 4.1　铝镁合金的组分

组分	Mg	Si	Fe	Cu	Mn	Cr	Zn	Ti	Al
质量分数/%	4.0~4.9	0.40	0.40	0.10	0.40~1.0	0.05~0.25	0.25	0.15	余量

本研究使用的成膜有机硅烷有 5 种，分别是：FOTS；FDTS；十八烷基三氯硅烷 $[CH_3(CH_2)_{17}SiCl_3$，octadecyltrichlorosilane，简称：OTS]；3-巯丙基三甲氧基硅烷 $[(CH_3O)_3Si(CH_2)_3SH$，(3-Mercaptopropyl)trimethoxysilane，简称：MPS]；3-氨丙基三甲氧基硅烷 $[(CH_3O)_3Si(CH_2)_3NH_2$，（3-Aminopropyl)trimethoxy silane，简称：APTMS]。以上均购自加拿大 Fluka 公司，其各自的分子结构如图 4.1 所示。

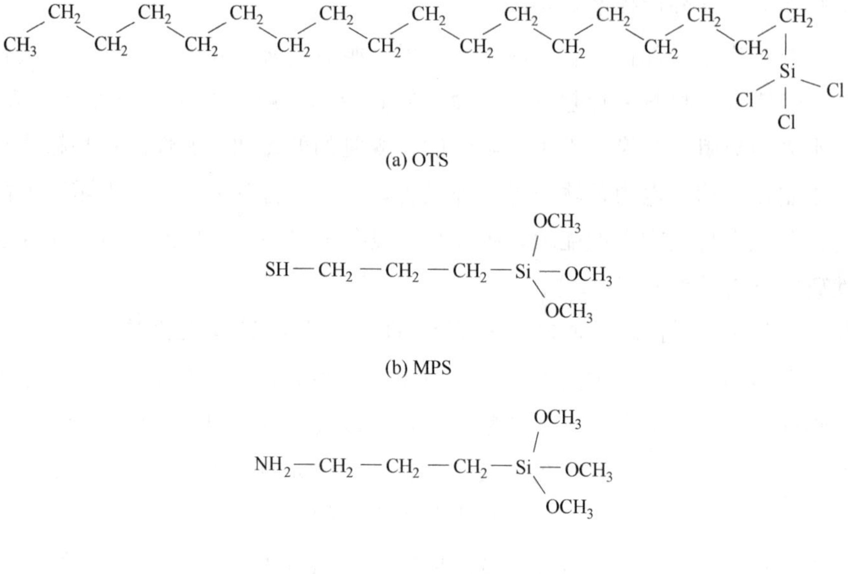

(a) OTS

(b) MPS

(c) APTMS

图 4.1　自组装有机硅烷的分子结构

五种自组装成膜有机硅化合物的理化性质如表 4.2 所示。其余试剂包括：异辛烷、甲苯、丙酮、乙醇等均为分析纯。

表 4.2　有机硅烷的理化性质

有机硅烷	密度/(kg/m³)	熔点/℃	沸点/℃	折射率	闪点/℃	纯度
FDTS	1.717	—	224	1.348～1.350	89	≥97.0%
FOTS	1.638	—	192	1.351～1.353	87	≥97.0%
OTS	0.984	22	223	1.459～1.461	89	≥97.0%
MPS	1.06	112	215	1.441～1.443	96	≥97.0%
APTMS	1.01	—	194	1.423～1.425	92	≥97.0%

4.1.2　制备过程

（1）预处理

将 3mm 厚的铝镁合金板材切割成 20mm×20mm 大小的试样，经 600#、800# 和 1000# 砂纸打磨并抛光处理，之后将其依次放入丙酮、乙醇和蒸馏水中各超声清洗

3min，去除表面杂质，用高纯氮气吹干，备用。

（2）溶液浸泡刻蚀处理

配置硫酸和氯化钠的混合溶液，硫酸溶液和氯化钠溶液的配制浓度均为 3mol/L。取上述预处理后得到的试样放入制备得到的硫酸和氯化钠混合溶液中进行浸泡处理，试样浸泡时间依次为 1min、2min、3min、4min 和 5min，之后再利用丙酮、乙醇和蒸馏水超声清洗，去除表面附着的反应溶液，再利用高纯氮气吹干。

（3）自组装分子膜的制备

采用自组装技术对上述五种经不同浸泡时间处理的铝镁合金试样进行自组装分子膜的制备。与硅基、MB8 镁合金基底上制备过程类似，五种自组装分子与经 30min 紫外照射羟基化的铝镁合金表面发生化学反应，反应机理如下。

首先，自组装分子在溶剂中发生水解反应：

$$R{-}SiX_3 + 3H_2O \xrightarrow{\text{H}^+ \text{ 或 OH}^-} R{-}Si(OH)_3 + 3HX$$

其次，水解后的自组装分子与铝镁合金表面的羟基缩合形成（Si-O-Ti）：

$$\underset{\underset{\displaystyle OH}{|}}{\overset{\overset{\displaystyle OH}{|}}{R{-}Si}}{-}OH + HO{-}S \longrightarrow \underset{\underset{\displaystyle OH}{|}}{\overset{\overset{\displaystyle OH}{|}}{R{-}Si}}{-}O{-}S + H_2O$$

同时，水解自组装分子与相邻的分子发生缩合反应形成硅氧键（Si-O-Si）：

$$\underset{\underset{\displaystyle OH}{|}}{\overset{\overset{\displaystyle OH}{|}}{R{-}Si}}{-}OH + HO{-}\underset{\underset{\displaystyle OH}{|}}{\overset{\overset{\displaystyle OH}{|}}{Si}}{-}R \longrightarrow \underset{\underset{\displaystyle OH}{|}}{\overset{\overset{\displaystyle OH}{|}}{R{-}Si}}{-}O{-}\underset{\underset{\displaystyle OH}{|}}{\overset{\overset{\displaystyle OH}{|}}{Si}}{-}R + H_2O$$

自组装分子经过以上一系列反应后，在试样表面形成有序排布的单层分子膜，其中 R 为去除分子头基的短链烷基或碳氟链，S 为铝镁合金基底，X 为可以进行水解反应生成 Si—OH 的—Cl、—CH$_3$O 基团。

4.1.3 测试表征设备

本章研究中使用的测试和表征仪器与测试内容如表 4.3 所示。

表 4.3 测试设备列表

设备名称	测试内容	产地
扫描电子显微镜 Phillips XL30	表面形貌	荷兰
Hommel T6000 粗糙度仪	表面粗糙度	德国
D/MAX-Ultima+型 X 射线衍射仪	物相组织	日本
Easy-Drop 型接触角测量仪	接触角	德国

4.2
结果与讨论

4.2.1 位错刻蚀原理

位错是广泛存在于实际晶体内部的微观缺陷，它是指在晶体内部原子在局部形成不规则排列，从几何学角度来看，位错属于一种线型缺陷，可视为晶体中发生滑移部分与未滑移部分的分界线[9]。

位错的存在对材料物理性能，特别是力学性能具有极大影响。根据固体物理学理论，实际晶体中存在的位错主要有两种基本类型：刃型位错和螺型位错。位错呈现如下特征：①晶体内部存在的位错以线型存在，位错线总是终止在晶体的晶界或晶体的表面，或者在晶体内部以封闭环的形式存在；②位错线的周围始终存在原子错排，错排随位错距离增大而变小；③从整个晶体结构来看，位错将晶体中已变形和未变形的部分分开，此两部分均为完整晶体，如图 4.2 所示。

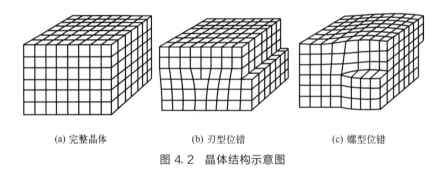

(a) 完整晶体   (b) 刃型位错   (c) 螺型位错

图 4.2   晶体结构示意图

由于位错是晶体点阵中不可避免的一种缺陷，所以当位错线与晶体表面相交时，会造成交点附近的晶体点阵发生畸变，从而使位错附近的杂质原子聚集，造成该聚集区相比其它非聚集区域具有较高能量。因此，如果以适当的刻蚀剂浸蚀金属表面，就会使晶体表面因位错造成杂质原子聚集区域优先溶解，在此位置形成凹坑，基于这一理论，人们开发了专门的位错刻蚀剂来检测相应晶体中的位错缺陷[10]。

当晶面暴露在与之相对应的位错刻蚀剂中时，位错的露面处首先形成一个凹坑，凹坑形成的机理如图 4.3 所示。由于凹坑的形成是"单元坑体（unit pits）"在位错位置的优先成核和"单元坑体"沿晶体表面的横向扩展二者共同作用的结果，此两过程的相对速率则决定了形成凹坑的形状。现有研究认为[11]，"单元坑体"的成核速率（v_n）与横向扩展速率（v_s）比值（v_n/v_s）越大，则与晶面垂直方向的溶解速率和平行于晶面方向的溶液速率比值越大，此时形成的坑体的深度越大，反之亦然。

正是基于位错刻蚀理论，本章采用混合溶液作为位错刻蚀剂对铝镁合金试样进行溶液浸泡处理，从而成功地在试样表面形成具有微小凹坑的粗糙结构，同时利用刻蚀溶液的坑刻蚀能力，制备出具有粗糙微结构表面。通过在刻蚀处理得到的粗糙表面上修饰五种不同的自组装分子膜，得到具有不同浸润性的铝镁合金表面。

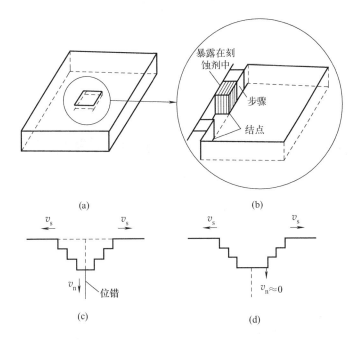

图 4.3　位错刻蚀坑的形成机理示意图

注：图（a）（b）晶面暴露在刻蚀剂中后，一个原子深度的"单元坑体"优先在位错的露面
位置成核［图（a）的放大图为图（b）］；图（c）"单元坑体"沿位错线方向连续成核，同
时在沿晶体表面方向上不断形成类似于"阶梯"的单原子阶梯面，阶梯面在不断扩散，从
而形成逐渐可见的凹坑，其中 v_n 是"单元坑体"的成核速率；v_s 是单原子阶梯面后退的速
率，即"单元坑体"沿晶体表面的横向扩展速率；图（d）为形成的凹坑形状

4.2.2　形貌表征与物相分析

图 4.4 为溶液刻蚀处理后试样表面形貌。由图可见，刻蚀浸泡时间为 1min 试样基本保持原形貌，其上分布着许多小凹坑［图 4.4（b）］，随着刻蚀浸泡时间的增加，试样表面的刻蚀程度明显增大，表面刻蚀深度和穴坑的数量都逐渐变大；表面形貌的破坏程度由原表面的点刻蚀逐渐扩展到面的刻蚀，形成了沟壑状的腐蚀区域［图 4.4（g）、(i)］，原打磨表面的存留面积越来越小，形貌由原来的单一均匀结构逐渐变成沟壑结构形式，表面的均一性越来越差。由图 4.4（f）、（g）、（h）可见，除试样表面上分布的众多亚微米级凹坑外，基底存在明显的数十微米级的沟槽与突起，此现象说明，在整个刻蚀过程中同时存在坑刻蚀和位错刻蚀[12]。

试样表面粗糙度如图 4.5 所示，试样表面的粗糙度值 Ra 和 R_{max} 随浸泡时间的增加而逐渐变大，这与观测到的表面形貌变化趋势一致。

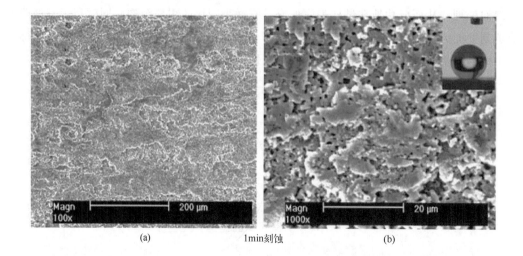

(a)   1min刻蚀   (b)

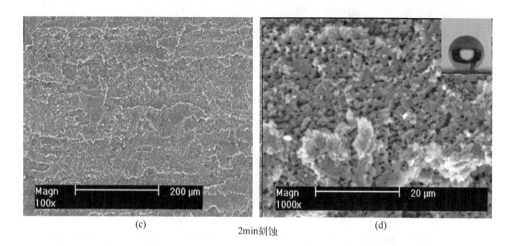

(c)   2min刻蚀   (d)

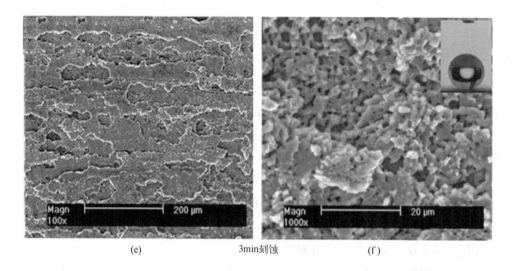

(e)   3min刻蚀   (f)

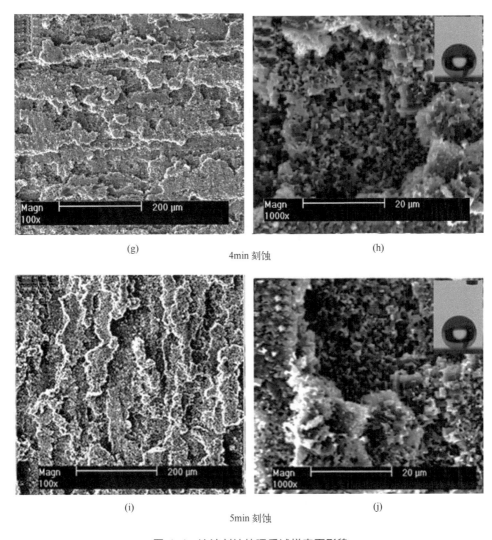

(g)   (h)

4min 刻蚀

(i)   (j)

5min 刻蚀

图 4.4　溶液刻蚀处理后试样表面形貌

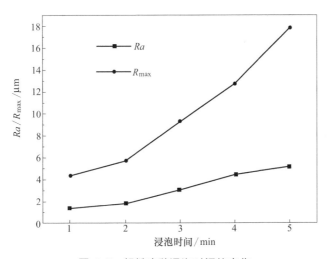

图 4.5　粗糙度随浸泡时间的变化

铝镁合金试样在溶液浸泡处理前后的 XRD 谱图如图 4.6 所示，其峰值与分布均没有发生改变，可见试样经溶液浸泡处理后，其基底并没有组织结构的变化，溶液浸泡处理只是改变了试样原有的表面形貌。

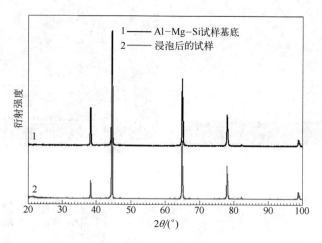

图 4.6　试样的 XRD 谱图

4.2.3　浸润性表征与讨论

为了研究溶液浸泡处理和沉积自组装分子膜对试样表面浸润性的影响，对试样表面的接触角进行了测量，表 4.4 所示为各试样的静态水接触角。

由表可知，试样在浸泡处理前的接触角均值为 56.4°，说明试样基底本身呈亲水性；经浸泡处理后（处理时间 1min、2min、3min、4min 和 5min），试样的实测接触角均接近于 0°，表现出超亲水的特性。分析认为接触角变小的原因是：①溶液的刻蚀作用使试样基底材料残余表面能不断增大，诱使水分子铺展在试样表面上，其接触角接近于 0°；②试样经溶液浸泡处理后，合金试样表面微观形貌凹凸不平且存在许多微孔结构，这些微观粗糙形貌的存在增强了该表面与水分子之间的范德瓦耳斯力和毛细吸附力，由此导致此表面对水分子的吸附作用加强，诱使水滴在其表面上铺展。试样经溶液浸泡处理和沉积 FDTS 自组装分子膜后，试样表面的接触角明显变大，各试样表面的静态接触角均在 160° 左右，达到超疏水。对未经溶液浸泡处理的光滑铝镁合金试样进行 FDTS 自组装分子膜的沉积制备，测得其接触角均值为 119.5°。

表 4.4　铝镁合金在不同工艺处理后的平均接触角

工艺	接触角/(°)	工艺	接触角/(°)
抛光表面	56.4	2min 浸泡后修饰 FDTS	160.8
浸泡处理	约 0	3min 浸泡后修饰 FDTS	162.5
抛光表面修饰 FDTS	119.5	4min 浸泡后修饰 FDTS	158.5
1min 浸泡后修饰 FDTS	161.3	5min 浸泡后修饰 FDTS	162.1

通过对比四种工艺处理的试样接触角可知，对于本身是亲水性的铝镁合金试样，经溶液浸泡处理和沉积 FDTS 自组装分子膜后可以实现其表面浸润性由亲水到超亲水再到超疏水的转变。而单独进行溶液浸泡处理，或只在光滑表面沉积 FDTS 自组装分子膜均无法实现试样表面的超疏水性。利用溶液浸泡可以在试样表面刻蚀产生粗糙的表面结构；亲水的光滑表面沉积自组装分子膜说明 FDTS 可以提高表面的疏水性。而对于超疏水表面来说，溶液浸泡处理的微观结构和低表面能物质 FDTS 自组装分子膜的共同作用是使该表面实现超疏水的必要条件。

为了对比研究五种自组装有机硅烷对铝镁合金试样表面浸润性的影响，本章对五种自组装分子（FDTS、FOTS、OTS、MPS 和 APTMS）进行沉积制备，得到不同有机硅烷修饰后试样表面的接触角列表，如表 4.5 所示。

表 4.5　不同有机硅烷修饰试样后的平均接触角　　　　　　　　　　　　单位：（°）

工艺	抛光表面	1min 浸泡	2min 浸泡	3min 浸泡	4min 浸泡	5min 浸泡
FDTS	119.5	161.3	160.8	162.5	158.5	162.1
FOTS	110.4	157.9	155.7	154.6	156.1	158.2
OTS	101.7	151.5	152.4	151.1	152.7	154.9
MPS	51.9	约 0	约 0	约 0	约 0	约 0
APTMS	44.4	约 0	约 0	约 0	约 0	约 0

由表 4.5 可见，经 5 种不同的有机硅烷修饰后，抛光处理的试样表面上接触角呈现递减的趋势，接触角由大到小的顺序为：FDTS＞FOTS＞OTS＞MPS＞APTMS；而对于利用溶液浸泡处理后的试样表面在五种有机硅烷修饰后，接触角呈现截然相反的变化，其中修饰 FDTS、FOTS、OTS 三种有机硅烷的试样呈现超疏水性，MPS 和 APTMS 两种有机硅烷呈现超亲水性；FDTS、FOTS、OTS 三种有机硅烷，不论是光滑的抛光表面，还是具有微观结构的粗糙表面上，其接触角均呈现递减的趋势；五种自组装分子膜修饰后的溶液刻蚀表面的接触角在不同刻蚀时间下变化很小，其各自的接触角均较为稳定。

分析认为，自组装有机硅烷修饰后试样表面的浸润性与分子自身结构，特别是与分子膜的末端自由基团和分子链长有密切的关系。对于具有相同的表面活性头基三氯硅基（—SiCl$_3$）三种自组装分子膜 FDTS、FOTS、OTS 来说，FOTS 和 FDTS 的表面末端基团为三氟甲基（—CF$_3$），OTS 的表面末端基团为甲基（—CH$_3$）。这种末端基团的差异决定了自组装分子膜表面理化性能的不同，Srinivasan 等[12] 在研究 OTS 和 FDTS 自组装分子膜的黏着与摩擦特性时发现，FDTS 的末端基团三氟甲基的表面能远低于 OTS 的甲基，表面能的减小势必导致接触角的增大，因此沉积 FDTS 和 FOTS 自组装分子膜试样的接触角大于沉积 OTS 自组装分子膜试样的接触角。Nakagawa 等[13] 研究链长对烷基三氯硅烷在云母表面上成膜的影响时发现，长链（C$_n$，$n＞8$）自组装分子膜受基底表面羟基（—OH）密度的影响不大；短链（C$_n$，$n≤8$）时，由于碳链较短，范德瓦耳斯力作用较小，而且低聚体中某些分子可能发生倾斜，表现出无序性，阻碍了其继续生长而不能相互连成一体，而且受基底表面—OH密度影响较大，这样形成的膜缺陷多，覆盖度低，因此对于末端基团相同而链长不同的FOTS和FDTS来说，FDTS的链长为—$(CF_2)_7(CH_2)_2$—C_n（$n=9$），FOTS的链长为—$(CF_2)_5(CH_2)_2$—C_n（$n=7$），FDTS的碳链比FOTS长2个，碳链较短的FOTS的接触角小于碳链较长的FDTS的接触角。由MPS、APTMS自组装分子膜修饰后的光滑试样表面的接触角小于基底，可以得出巯基（—SH）和氨基（—NH_2）均为亲水性基团，且MPS自组装分子膜自由能大于APTMS自组装分子膜，这与现有研究相一致[14-15]。

经溶液浸泡处理后，具有微观粗糙结构的基底在经FDTS、FOTS、OTS修饰后呈现超疏水性，而经APTMS、MPS修饰后，呈现超亲水性。对于这种浸润性的极端特例可以通过Wenzel理论状态模型加以解释：对于疏水性基底，通过构建适宜的粗糙结构，在增加表面粗糙度的同时，表面接触角也会增大；对于亲水性基底，利用增加表面粗糙度的手段，试样表面接触角会减小，即随着表面粗糙度的增加，亲水性基底更亲水，疏水性基底更疏水。

对利用FDTS修饰制备得到的五种超疏水表面进一步研究发现，其静态接触角均在160°上下，但其滚动接触角存在明显的差异，如图4.7所示为水滴与超疏水表面之间的黏附力测量值及在五种试样上的倾斜角状态图。由图可见，利用溶液浸泡处理1min和2min的试样对水滴表现出极高的黏附力，即便在试样倒置的情况下，其上的水滴也不会发生滚落，在此状态下水滴与试样表面的黏附力分别达到91μN和75μN；溶液浸泡处理3min的试样表面的滚动倾斜角大于90°，试样在垂直情况下不会发生水滴滚落现象，但当倾斜角度继续增大时，水滴就会发生滑落现象，此试样的滚动倾斜角约为110°，但小于浸泡处理1min和2min的试样，此状态下的表面黏附力进一步减少，达到38μN；对经浸泡处理4min和5min的试样的动态接触角的研究表明，随着浸泡处理时间的增加，试样的滚动倾斜角明显减小，浸泡处理4min的试样上水滴的滚动倾斜角进

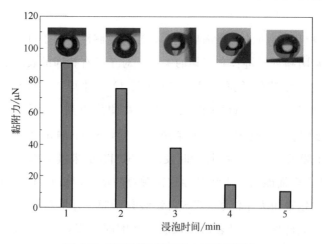

图4.7　不同试样表面对水滴的黏附力

一步减小，约为 57°，此表面对水黏附力为 $15\mu N$；而对于浸泡处理 5min 的试样，其倾斜角约为 7°时就发生了水滴的滚落，此表面对水的黏附力已明显减少到 $10\mu N$ 大小，证实了该试样具备较大静态接触角的同时，其滚动倾斜角较小，满足典型的超疏水表面所具有的"荷叶效应"。对比这 5 个试样浸润性研究发现，试样表面均具有较大的静态接触角，而其黏附力表现出较大的差异。随溶液浸泡时间的增长，试样表面的黏附力逐渐下降。

目前，对已报道的制备的超疏水表面进行研究发现，许多超疏水表面存在稳定性较差的问题，所以在此对本研究所得到的超疏水表面稳定性进行了考察。图 4.8 所示为具有不同 pH 的水滴在铝镁合金超疏水表面（FDTS 修饰的经 1min、2min、3min、4min 和 5min 浸泡刻蚀的五种试样）的平均接触角。

由图 4.8 可见，此试样在不同 pH 下的接触角变化很小，都保持在 155°以上，证实了本研究制备得到的铝镁合金基超疏水表面在很宽的 pH 范围内均具有良好的疏水性能。图 4.8 显示了三种有机硅烷修饰制备的铝镁合金基超疏水表面在空气中暴露 10 个月后，其接触角的变化情况。从图 4.9 可见，超疏水表面在放置 10 个月之后，仍然显

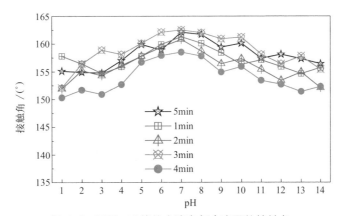

图 4.8　不同 pH 值的水滴在复合表面的接触角

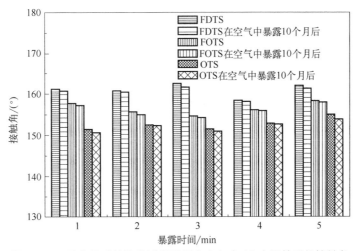

图 4.9　三种有机硅烷修饰试样暴露在空气中 10 个月前后的接触角

示出了良好的超疏水性能，证明了本工艺制备得到的铝镁合金基超疏水界面具有很好的稳定性。

4.2.4 理论分析

经溶液浸泡处理不同时间和沉积 FDTS 自组装分子膜后的试样均具有较高静态接触角，其黏附力的差别源于各自表面微观结构的差异，微观结构的差异导致水滴在试样表面上的状态不同，如图 4.10 所示。具有超高黏附力的试样（浸泡处理 1min 和 2min）在溶液中浸泡时间较短，其上分布的穴坑数目较少，穴坑直径和深度均较小，水滴在此表面容易实现浸润，水滴所处状态接近于 Wenzel 态；低黏附力试样（浸泡处理 5min）表面微观结构为两级复合结构，水滴容易进入到数十微米级的凹槽中，但很难进入到凹槽中存在的尺寸更小的微结构中，从而形成固-液-气三相共存的复合状态，水滴在试样上的状态接近于 Cassie-Baxter 态；浸泡处理 3min 和 4min 的试样，水滴处于两者之间的过渡态[16]。不同试样所表现出的黏附力差异可以从以下三方面加以解释[17-20]：

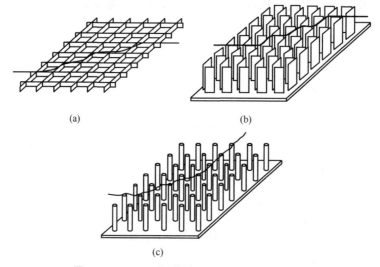

图 4.10 不同表面形貌对液滴动态过程的影响

① 固液实际接触形式对黏附力的影响：对浸泡处理 1min 和 2min 的试样而言，其上水滴接近于 Wenzel 态，此时接触面上固-液-气三相接触线非常连续，类似于"面接触"［如图 4.10（a）所示］，固液实际接触面积较大，水滴在这种连续的三相接触线上滚动，势必要克服很多能垒，因此水滴与试样表面之间具有极高的黏附力；反之，对浸泡处理 5min 试样而言，处于 Cassie-Baxter 态接触面的固-液-气三相接触线不连续，形成"点接触"［如图 4.10（c）所示］，水滴与表面的接触面积远远小于表观接触面积，此时的水滴处于亚稳态，因此水滴在其上很容易滚动，呈现低黏附超疏水特性；而介于这两种情况之间的是"线接触"［如图 4.10（b）所示］，固液实际接触面积适中，此时水滴处于过渡态，水滴在试样上具有适中的滚动角与黏附力。

② 固液实际接触面积对黏附力的影响：对浸泡处理 1min 和 2min 的试样而言，试

样表面刻蚀坑的深度较小，其上水滴较为容易浸湿刻蚀坑，从而增加了固液接触的真实面积，此时液滴接近于 Wenzel 态，接触面上固-液-气三相接触线的连续性得到增加，处于此状态下的水滴处于滚动过程中时，势必要克服较大的能垒，因此水滴与试样表面之间具有极高的黏附力；对于浸泡处理 4、5min 的试样而言，刻蚀坑的深度有了明显的提高，水滴不能浸渗到这些刻蚀坑中，介稳态间的能垒明显降低[20]，此时处于 Cassie Baxter 态接触面的固-液-气三相接触线不连续，形成"点接触"，接触面积远远小于表观接触面积，此状态下的水滴很容易滚动，呈现低黏附超疏水特性。

③ 固-液-气三相体系中封闭气体对黏附力的影响：由于浸泡处理在试样表面形成穴坑，必然会在试样表面形成固-液-气三相构成的封闭性微体系，水滴在试样表面的滚动过程势必会改变封闭体系内的气体体积，气体压力的变化会影响黏附力的大小。密闭的空间越小，水滴在动态过程中引起的压力差越大。处于 Wenzel 态的水滴，其对应的试样由于浸泡处理时间较短，其穴坑体积较小，对应的空气密闭空间必然较小，水滴在动态过程中引起的压力差较大，其势必要克服较大的能垒，因此其黏附力较大；处于 Cassie-Baxter 态试样上的空气密闭体积较大，水滴的动态过程引发的压力差较小，因此黏附力较小；对于具有中等黏附力的其它两个试样，水滴在该表面处于过渡态，此状态下密闭空气体积介于 Wenzel 态和 Cassie-Baxter 态之间，因此该表面表现出中等黏附力的特性。

4.3
本章小结

本章探讨了基于位错理论，利用溶液浸泡刻蚀铝镁合金试样，在试样表面上形成具有微观粗糙结构的表面，再利用自组装分子修饰粗糙表面，得到超疏水铝镁合金表面，得出主要结论如下：

① 铝镁合金试样经溶液浸泡处理和沉积 FDTS 自组装分子膜后，其表面浸润性实现了由亲水到超亲水再到超疏水的转变，其超疏水性表面的获得是由表面粗糙结构和低表面能物质 FDTS 自组装分子膜共同作用的结果。

② 通过改变浸泡时间得到不同微观粗糙结构的表面，再沉积自组装分子膜后得到的超疏水表面具有明显差异性的滚动接触角，其表面粗糙度随溶液浸泡时间的增加而逐渐变大，试样表面对水滴的黏附力具有明显的差异，且随溶液浸泡时间的增加黏附力逐渐变小。

③ 对五种自组装分子膜修饰试样的浸润性研究表明：自组装分子膜的浸润性与分子自身结构，特别是与分子膜末端自由基团和分子链长有密切的关系。

④ 超疏水表面的黏附力大小与其表面的粗糙结构相关，黏附力的差异是由水滴在不同试样表面上所处的状态不同造成的：接近于 Wenzel 态的水滴与试样表面之间具有

超高黏附力；处于 Cassie-Baxter 态的水滴与试样表面之间具有较低黏附力；对于具有中等黏附力的超疏表面其水滴所处状态为过渡状态。

⑤ 铝镁合金试样对不同 pH 值水滴均呈现超疏水性，且在空气中暴露 10 个月之后依然显示出良好的超疏水性能，都证明了本研究所制备的铝基超疏水表面具有很好的稳定性。

参 考 文 献

[1] Li X，Wan M. Morphology and hydrophobicity of micro/nanoscaled cuprous iodide crystal [J]. Crystal Growth & Design，2006，6（12）：2661-2666.

[2] Panella B，Hirseher M. Hydrogen physisorption in metal-organic porous crystals [J]. Advanced Materials，2005，17（5）：538-541.

[3] Shibuichi S，Yamamoto T，Onda T，et al. Super water-and oil-repellent surfaces resulting from fractal structure [J]. Journal of Colloid and Interface Science，1998，208（1）：287-294.

[4] Lu S，Chen Y，Xu W，et al. Controlled growth of superhydrophobic films by sol-gel method on aluminum substrate [J]. Applied Surface Science，2010，256（20）：6072-6075.

[5] Liu L，Zhao J，Zhang Y，et al. Fabrication of superhydrophobic surface by hierarchical growth of lotus-leaf-like boehmite on aluminum foil [J]. Journal of Colloid and Interface Science，2011，358（1）：277-283.

[6] 张芹，朱元荣，黄志勇. 化学/电化学腐蚀法快速制备超疏水金属铝 [J]. 高等学校化学学报，2009，30（11）：2210-2214.

[7] 贾毅，岳仁亮，刘刚，等. 铝合金表面超疏水涂层的火焰喷雾热解法制备及其耐蚀性能 [J]. 功能材料，2012，9（43）：1113-1117.

[8] Hong X，Gao X，Jiang L. Application of superhydrophobic surface with high adhesive force in no lost transport of superparamagnetic microdroplet [J]. Journal of the American Chemical，2007，129（6）：1478-1479.

[9] Volterra V. Sur l'équilibre des carps élastiques multiplement connexes [J]. Annales Scientifiques de l'École Normale Supérieure，1907，24：401-517.

[10] Vander Voort G F. Metallography principles and practice [M]. New York：McGraw-Hill Book Company，1984.

[11] Gogte S，Vorobieff P，Truesdell R，et al. Effective slip on textured superhydrophobic surfaces [J]. Physics of Fluids，2005，17：051701-051704.

[12] Srinivasan U，Houston M R，Howe R T，et al. Alkyltrichlorosilane-based self-assembled monolayer films for stiction reduction in silicon micromachines [J]. J. MEMS，1998，7（2）：252-260.

[13] Nakagawa T，Soga M. Contact angle and atomic force microscopy study of reactions of n-alkyltrichlorosilanes with muscovite micas exposed to water vapor plasmas with various power densities [J]. Jpn. J. Appl. Phys.，1997，36：6915-6921.

[14] Nishino T，Meguro M，Nakamae K，et al. The lowest surface free energy based on $-CF_3$ alignment [J]. Langmuir，1999，15（13）：4321-4323.

[15] 罗晓斌，朱定一，乔卫，等. 高表面能固体的润湿性实验及表面张力计算 [J]. 材料科学与工程学报，2008，26（6）：932-936.

[16] Dupuis A，Yeomans J M. Modeling droplets on superhydrophobic surfaces：equilibrium states

and transitions [J]. Langmuir，2005，21（6）：2624-2629.

[17]　赖跃坤，陈忠，林昌健. 超疏水表面黏附性的研究进展 [J]. 中国科学，2011，41（4）：609-628.

[18]　Chen W，Fadeev A Y，Hsieh M C，et al. Ultrahydrophobic and ultralyophobic surfaces：Some comments and examples [J]. Langmuir，1999，15（10）：3395-3399.

[19]　Li W，Amirfazli A. A thermodynamic approach for determining the contact angle hysteresis for superhydrophobic surfaces [J]. Journal of Colloid and Interface Science，2005，292（1）：195-201.

[20]　Morra M，Occhiello E，Garbassi F. Contact angle hysteresis in oxygen plasma treated poly（tetrafluoroethylene）[J]. Langmuir，1989，5（3）：872-876.

第5章

微弧氧化与自组装制备疏水/超疏水镁合金表面及其微摩擦学特性

近年来，由于比强度高、热疲劳性能好、良好的生物相容性等特点，镁及其合金已开始应用在 MEMS/NEMS 领域。然而由于镁的电位极低，性质活泼容易被氧化且表面呈亲水性，导致其摩擦学特性较差，存在摩擦系数高、磨损大、容易拉伤且难以润滑的不足，而且随着元器件尺寸减小到微米级，与物体表面积相关的范德瓦耳斯力、表面张力、静电力等表面效应急剧增加，表面黏附、摩擦磨损等问题更加突出，因此，微构件的表面改性成为亟待解决的问题。

目前，人们对镁及镁合金进行改性处理的手段主要包括：化学转化处理[1]、强束流改性[2]（激光、电子、离子等）、有机涂层[3]、阳极氧化[4] 和微弧氧化处理工艺[5] 等。其中，微弧氧化处理工艺是近年来在阳极氧化基础上兴起的一种在镁合金表面的新型处理技术。该技术将工作电压引入到高压放电区，利用微弧区瞬间高温烧结作用直接在金属基体表面原位生长陶瓷膜层。微弧氧化层与基体结合牢固、结构致密，具有良好的耐磨性，耐蚀性得到增强，改善了镁合金的摩擦学性能，成为镁合金改性处理的重要手段之一。

随着人们对自然生物界特殊浸润性现象的发现与研究，超疏水现象作为浸润性的一种特殊状态，具有广泛的应用前景。同时，基于疏水表面，特别是超疏水表面的获得，可有效降低基底材料的表面自由能，改善和调控材料的浸润、黏着、润滑和磨损性能，在材料改性和应用方面具有巨大的应用潜力。

自组装分子膜（SAMs）不但被认为是应用于 MEMS/NEMS 中较为理想的润滑手段[6]，而且也是构建超疏水表面的一种重要手段。如 Song 等[7] 以硅烷作为功能试剂，利用自组装技术制备了超疏水复合表面膜层，研究发现此膜表面具有微/纳米二元结合的粗糙结构，显著提高疏水性，其接触角可达 156°。Wei 等[8] 利用聚合物分子自组装成膜法制备了丙烯酸全氟烷基乙酯和甲基丙烯酸甲酯的共聚物薄膜，水滴在该薄膜上的接触角可达 151°。

本章采用微弧氧化技术与自组装分子膜相结合的工艺，制备出镁合金疏水/超疏水表面。通过微弧氧化技术在镁合金表面形成具有微细粗糙结构的疏松层和致密层，再利用自组装技术在两种表面上制备单分子薄膜，以期实现镁合金表面的疏水/超疏水功能改性，同时研究微载荷、干摩擦条件下试样的摩擦学特性，为镁合金在 MEMS/NEMS 中的应用提供技术支持。

5.1
材料与制备

5.1.1　材料与试剂

实验使用基底材料为 MB8 镁合金，使用试样大小为 60mm×10mm×2mm。

微弧氧化过程中电解液配置使用药品包括：硅酸钠（$Na_2SiO_3 \cdot 9H_2O$），纯度大于

99.9%；铝酸钠（NaAlO₂），纯度大于99.2%；磷酸钠（Na₃PO₄·12H₂O），纯度大于98.0%；碳酸钠（Na₂CO₃），纯度大于99.8%；氢氧化钠（NaOH），纯度大于96.0%；丙三醇，即甘油［HOCH₂CH(OH)CH₂OH］，纯度大于99.0%；乙二胺四乙酸，即EDTA［(HOOCH₂C)₂NCH₂CH₂N(CH₂COOH)₂］，纯度大于99.5%。以上均购自国内厂家。

本研究中所用的自组装成膜分子为FDTS，纯度大于97.0%，购自加拿大Fluka公司；其余试剂异辛烷、丙酮、乙醇等均为分析纯。

5.1.2 制备过程

（1）预处理与微弧氧化处理

将2mm厚的MB8合金板切割成30mm×60mm大小，经240#、600#、1000#砂纸研磨处理，其后依次放入丙酮、乙醇和超纯水中超声清洗2min，去除表面杂质，用高纯氮气吹干。用环氧树脂胶将试样上部（微弧氧化过程中电解液与空气接触处）和背面、侧面、底面进行涂覆处理，留下20mm×20mm的工作面，放入真空干燥箱中进行10h以上的固化。由于镁合金的表面活性很大，镁合金预处理后应尽快进行微弧氧化处理，尽量避免镁合金表面与潮湿空气接触，以防止镁合金表面生成氧化膜，会影响试样在电解液中的微弧氧化过程。

微弧氧化电源为国产WH-1型微弧氧化脉冲电源（如图5.1所示），微弧氧化装置

图5.1 微弧氧化电源设备

示意图（如图 5.2 所示），镁合金试样作为阳极，不锈钢工件作为阴极，微弧氧化过程中对电解液进行不间断冷却，使电解液温度控制在 $35 \sim 45 ℃$ 之间。工作中采用恒流源工作模式，电流密度设置值为 1.0、1.5、2.0、2.5 (A/dm^2)，微弧氧化时间为 15min。

为了获取制备镁合金超疏水表面所需的最优表面微结构，本研究采用正交试验对四种主电解液体系（Na_2SiO_3；Na_2SiO_3-$NaAlO_2$；Na_2SiO_3-Na_3PO_4；Na_2SiO_3-Na_2CO_3）下制备试样进行表面自组装修饰，对各自的接触角进行测量。

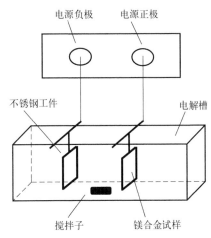

图 5.2　微弧氧化装置示意图

通过分别考察以 Na_2SiO_3、Na_2SiO_3-$NaAlO_2$、Na_2SiO_3-Na_3PO_4、Na_2SiO_3-Na_2CO_3 为主成膜剂（四种电解液主盐是生成微弧氧化陶瓷膜的主要成分）、EDTA 为稳定抑弧剂（在一定程度上避免尖端放电）、氟化钾为性能改善剂（可提高陶瓷层生长速度）和氢氧化钠为 pH 值调节剂对试验中得到的试样表面形貌的影响。

正交试验中，把对微弧氧化层结构影响较大的成膜主盐、稳定抑弧剂、性能改善剂和 pH 值调节剂作为主考察因素，对每个因素赋予 4 个变量水平，构成了 4 因素 4 变量的正交试验。同时，再考察电流密度对制备试样的影响，其构成了 5 因素 4 变量的正交试验，利用变量赋值可以得到 5^4 次正交试验表（如表 5.1 所示），通过该试验制备得到的试样进行表面自组装修饰，测试其表面接触角。

表 5.1　微弧氧化正交试验表

序号	电解液主盐 /(g/L)	EDTA /(g/L)	氟化钾 /(g/L)	氢氧化钠 /(g/L)	电流密度 /(A/dm²)
1	Na_2SiO_3-10	2	2	2	1.0
2	Na_2SiO_3-10，$NaAlO_2$-5	4	6	4	1.5
3	Na_2SiO_3-10，Na_3PO_4-5	6	10	6	2.0
4	Na_2SiO_3-10，Na_2CO_3-5	8	14	8	2.5

（2）自组装成膜制备

为了对比研究不同工艺表面的浸润性，对光滑镁合金表面和利用正交试验获取的微弧氧化层表面分别进行紫外线照射 1h 使其充分羟基化，制备得到不同基底上的 FDTS 自组装分子膜层。

5.1.3　测试与表征

用德国产的 Easy-Drop 型接触角测量仪测定去离子水（$2\mu L$）在每组试样表面的接

触角；试样的表面形貌采用 Phillips XL30 型和 HITACHI-TM3000 型扫描电子显微镜进行表征；采用德国 Hommel T6000 对试样表面粗糙度仪进行测量；采用 MH-6 型维氏显微硬度计测试试样硬度，其中 MB8 基底表面硬度施加载荷为 10g，横截面硬度施加载荷为 50g，每个数据测试五次，取平均值。试样经微弧氧化处理后的组织结构采用日本 Rigaku Corporation 生产的 D/MAX－Ultima＋型 X 射线衍射仪（XRD）进行分析。在 XRD 测试时，采用 CuKα 辐射，$\lambda = 0.15406nm$，管电压为 40kV，管电流为 20mA，扫描速度为 1°/min，扫描角分辨率为 0.02°。采用 CETR UMT-2 型微摩擦磨损试验机在毫牛尺度下测试试样的摩擦学特性，该设备工作原理示意图如图 5.3 所示，采用往复式滑动，单向行程为 5mm，摩擦偶件为直径 5mm 的 Si_3N_4 球，其表面硬度为 1200HV～1300HV。试验环境为室温、相对湿度 40％～50％。利用 SARTORIUS 公司生产的 AG-BS224S 电子天平对经摩擦磨损测试的试样进行称重，确定试样的磨损量，其精度为 0.1mg。

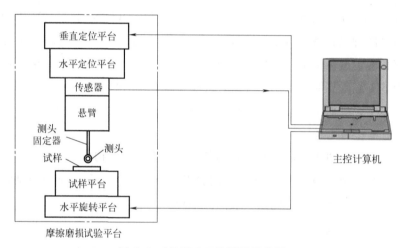

图 5.3　UMT-2 工作原理示意图

5.2
结果与讨论

5.2.1　微弧氧化层形貌

　　利用正交试验，制备得到一系列具有不同表面微观结构的微弧氧化层试样，对其进行自组装分子膜修饰，以四种主盐为电解液分别制备得到试样表面的最大接触角与其对应的工艺参数见表 5.2。

　　由表可见，四种主盐作为电解液制备获取的试样表面的最大接触角分别可以达到 136.4°、147.1°、130.7°和 156.4°，达到超疏水表面。四种超疏水表面试样形貌如图 5.4 所示。

表 5.2　正交试验后获取的表面最大接触角的工艺参数

序号	电解液主盐 /(g/L)	EDTA /(g/L)	氟化钾 /(g/L)	氢氧化钠 /(g/L)	电流密度 /(A/dm²)	接触角 /(°)
1	Na_2SiO_3-10	2	6	6	2.5	136.4
2	Na_2SiO_3-10,$NaAlO_2$-5	4	10	2	1.5	147.1
3	Na_2SiO_3-10,Na_3PO_4-5	2	6	4	1.0	130.7
4	Na_2SiO_3-10,Na_2CO_3-5	4	10	2	2.0	156.4

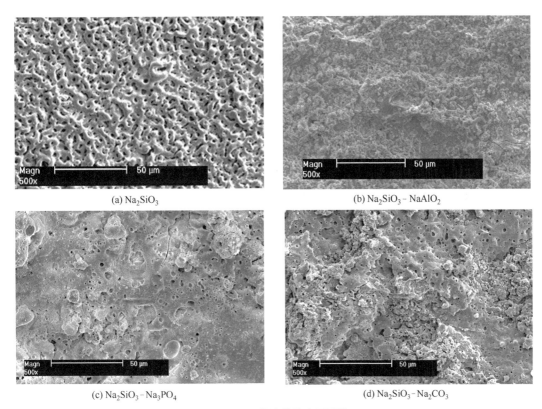

(a) Na_2SiO_3　　　　　　　　　　(b) Na_2SiO_3 - $NaAlO_2$

(c) Na_2SiO_3 - Na_3PO_4　　　　　　　　　(d) Na_2SiO_3 - Na_2CO_3

图 5.4　四种试样的表面形貌

　　图 5.5 所示为四种试样表面微弧氧化层的表面粗糙度与其各自的接触角之间的对应关系。由图可见,表面粗糙度与接触角之间不存在明显的线性关系。由形貌结构图 5.4 可见,图 (a)、(c) 表面均存在微孔,但其达不到超疏水效果;图 (b) 其表面不存在微孔,但由于自身存在凹凸不平的细小微结构,其疏水性比图 (a) 和图 (c) 均有所提高;图 (d) 的微结构表面除存在微孔外,其自身结构也是凹凸不平,分析认为,在微孔数量有限的情况下,如果表面结构辅以微小凹凸结构物,可以提高试样表面的疏水性。

　　由具有超疏水性的微弧氧化层表面形貌图 5.4 (d) 可见,微弧氧化层上分布着数目众多的突起物,突起物之间相互重叠,在突起物周围存在微孔,微孔直径大多在 1～5μm 之间,同时存在数量较少的微裂纹;与原镁合金基底相比 (见表 5.3,表面粗糙度 Ra 为 0.256μm),微弧氧化层表面微观结构凹凸不平,表面粗糙度 Ra 为 4.365μm。分

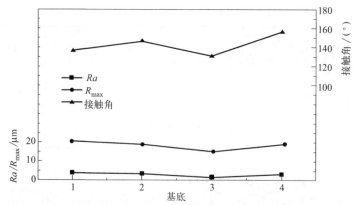

图 5.5　试样表面表面粗糙度与接触角之间的关系

表 5.3　试样的表面粗糙度

试样	粗糙度 $Ra/\mu m$
基底	0.256
微弧氧化层	4.365
经 FDTS 修饰的微弧氧化层	4.354

析认为，微弧氧化层这种特殊的表面微观形貌与其形成机制[9] 相关：由于微弧等离子放电总是发生在膜层较为薄弱的位置，当膜层发生放电击穿时，引发局部电流密度剧增，镁合金与电解液反应生成的氧化物在此快速生成，微弧放电的持续进行造成氧化物不断生成而相互叠加，由此形成粗糙不平的表面形貌；微孔是由于微弧等离子放电击穿膜层，高温熔融态氧化物的喷发通道在电解液的快速冷却过程中而形成的细小"隧道"；微裂纹的存在是微弧氧化过程中大量的热量产生，其瞬时高温在快速冷凝过程中引发热应力集中造成的[10]。

图 5.6 为超疏水镁合金试样微弧氧化层横截面 SEM 图，由图可见，微弧氧化层厚在 90μm 左右，具有典型的两层结构。最外层为疏松层，由于放电通道的存在和电解液浸蚀作用，其组织中存在较多微孔，结构疏松，其厚度占整个膜层厚度的 30% 左右；次表层为致密层，致密层与基底结合紧密，属于典型的冶金结合，其结构致密。

图 5.6　微弧氧化层横截面形貌

特殊浸润性表面的
开发制备与性能研究

利用表面硬度仪测量经微弧氧化处理的镁合金试样横截面硬度，距试样表面每间隔 $10\mu m$ 测量一次，并与未经微弧氧化处理的 MB8 试样进行比较。图 5.7 所示为 MB8 镁合金经微弧氧化处理后试样横截面的硬度变化曲线。从图中可以看出，未经微弧氧化处理的 MB8 镁合金试样表面硬度为 HV65.1，而经微弧氧化处理后在试样表面生成的微弧氧化层的硬度均在 HV500 以上，最大达到 HV621.9，硬度显著提高。其中，疏松层的硬度略小于致密层；致密层与基底之间结合部位的硬度达到 HV500，其值在基底与致密层之间，远远大于基底硬度，这是由于在微弧氧化作用下基底与致密层紧密结合，形成典型的冶金结合；在硬度曲线后部靠近致密层附近区域的硬度值小于基底，这是由于此区域处于微弧氧化加工的热影响区，微弧氧化放电过程中大量热量产生，热量较长时间停留在此区域，造成热影响区的晶粒增长，使其硬度降低，即热影响软化区域；在距表面 $110\mu m$ 以后的区域，其表面硬度逐渐恢复到 HV65.1，接近基底硬度，此区域已超出了热影响软化区域。

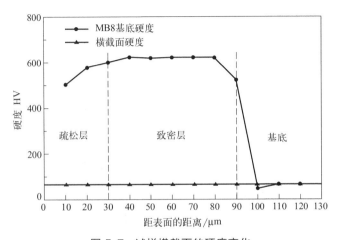

图 5.7　试样横截面的硬度变化

图 5.8 为 MB8 镁合金表面微弧氧化层的 XRD 谱。由图可知，微弧氧化层由 Mg、MgO 和 Mg_2SiO_4 三相组成。微弧氧化层中 MgO 相存在分析认为是微弧等离子放电过

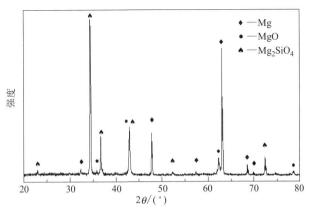

图 5.8　微弧氧化层的 XRD 谱

程中发生的高温氧化作用，镁合金基底在高温和电解液的双重作用下生成了氧化反应物；而 Mg_2SiO_4 相的存在则证实了电解液参与微弧氧化反应过程，电解液中的 SiO_3^{2-} 离子通过放电通道与镁合金基底中的 Mg 相发生反应后生成了 Mg_2SiO_4 相。

5.2.2　试样表面浸润性分析

接触角是表征固体材料表面浸润性的重要参数，通过对接触角的研究可以获得液滴在介质表面上固-液-气三相相互作用关系。镁合金基底表面的水接触角为 56.4°，如图 5.9（a）所示，表现为亲水性；镁合金经微弧氧化处理后，液滴完全铺展，其静态接触角接近于 0°〔见图 5.9（b）〕，表现为超亲水性，分析认为，微弧氧化层表面具有两层结构（疏松层、致密层）分布，疏松层存在许多微孔和裂纹，这些结构的存在提高了该表面与水滴之间的毛细吸附力与范德瓦耳斯力，同时微弧氧化过程放出的大量能量使陶瓷膜层的表面自由能增加，因此该表面呈现超亲水性。

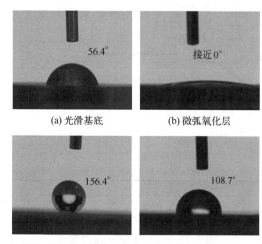

(a) 光滑基底　　　　　(b) 微弧氧化层

(c) 微弧氧化层和自组装分子膜 (d) 光滑基底和自组装分子膜

图 5.9　不同镁合金表面对水接触角不同工艺处理的镁合金试样表面的接触角

经微弧氧化和沉积自组装分子膜 FDTS 后，镁合金试样表面的静态接触角增大至 156.4°〔见图 5.9（c）〕，滚动接触角小于 5°，表现出超疏水特性；对比本身具有亲水性的光滑镁合金试样，在其表面沉积 FDTS 自组装分子膜，其接触角大小为 108.7°〔见图 5.9（d）〕，表现出疏水特性。分析认为，此工艺条件下获得的表面粗糙结构可以获得超疏水表面，由于自组装分子 FDTS 末端官能团三氟甲基（—CF_3）具有较低的表面自由能，制备得到的自组装分子在基底上具有致密有序的分子排布，在此过程中自组装分子不改变试样上原有的表面结构（表面粗糙度 Ra 为 $4.354\mu m$，与微弧氧化层相比变化很小，见表 5.3），且能有效降低原基底表面自由能。通过微弧氧化在镁合金试样上形成粗糙表面结构和利用低表面自由能自组装分子膜修饰相结合，实现了微弧氧化层由超亲水到超疏水的转换，获得了超疏水性能良好的镁合金表面膜层，表明结合构造表面微细粗糙结构和降低表面自由能的方法在镁合金基底制备超疏水性表面是可行的。

特殊浸润性表面的
开发制备与性能研究

5.2.3 疏松层摩擦学特性

图 5.10 所示为镁合金基底、微弧氧化层、经自组装分子膜修饰的微弧氧化层三种表面在 25mN 载荷、3mm/s 滑动速度下和 75mN 载荷、3mm/s 滑动速度下与多功能摩擦磨损试验机上 Si_3N_4 球之间的摩擦特性曲线。

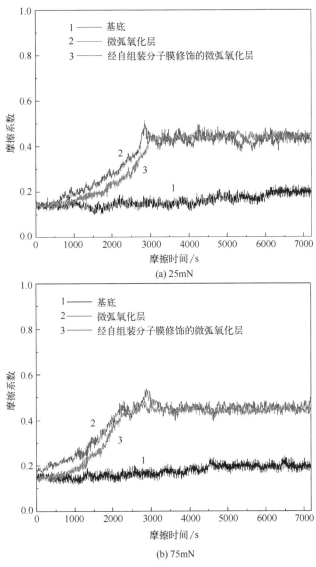

(a) 25mN

(b) 75mN

图 5.10 镁合金试样摩擦系数随磨损时间变化的关系曲线

由图可见，三种膜层在两种载荷作用下经过一段时间的摩擦磨损后最终摩擦系数逐渐趋于稳定，镁合金基底摩擦系数变化不大，最终趋近于 0.195，微弧氧化层和经自组装分子膜修饰的微弧氧化层的摩擦系数经较长一段时间的波动变化后，二者最终基本一致，趋近于 0.445。对比两种载荷下摩擦系数与磨损时间关系曲线发现：25mN 载荷下，三种膜层的摩擦系数在最初的 500s 内基本一致；500s 后，微弧氧化层的摩擦系数逐渐升高，而经自组装分子膜修饰的微弧氧化层的摩擦系数在最初 1000s 内与镁合金基底的摩擦系数基本一致，没有明显的增大过程；1000s 后，自组装分子膜摩擦系数逐渐上升，此时的摩擦系数明显大于镁合金基底，同时小于微弧氧化层；3000s 后微弧氧化层与经自组装分子修饰的微弧氧化层的摩擦系数基本一致，此后，二者的摩擦系数趋于稳定。对比 75mN 载荷下的摩擦系数与磨损时间曲线，微弧氧化层摩擦系数增长较快，在最初一段时间迅速增长，明显大于其它两种膜层的摩擦系数；而经自组装分子膜修饰的微弧氧化层的摩擦系数在最初的 500s 内与镁合金基底摩擦系数基本一致；500s 后，自组装分子膜摩擦系数逐渐上升，其大小介于镁合金基底与微弧氧化层之间，并逐渐接近于微弧氧化层的摩擦系数；2500s 后，自组装分子膜的摩擦系数与微弧氧化层基本一致，此后摩擦系数趋于稳定。

分析认为，在磨损测试最初几分钟内，经自组装分子膜 FDTS 修饰的微弧氧化层的摩擦系数明显小于微弧氧化层，这表明 FDTS 自组装分子膜在微弧氧化层上形成的超疏水边界润滑膜具有良好的减摩性能。此后，摩擦系数随磨损时间的增加而逐渐变大且逐渐接近于微弧氧化层的摩擦系数，分析认为，由于微弧氧化层的粗糙度值较大，而 FDTS 自组装分子膜的膜厚较小，所以在摩擦磨损测试过程中 Si_3N_4 球与试样间是处于边界润滑状态，而 FDTS 自组装分子膜形成的边界润滑膜只能在一定温度范围内使用，超过边界润滑膜的临界温度，此膜层将会失效。在本研究中，由于 Si_3N_4 球与试样表面之间在摩擦过程中生成摩擦热，使自组装分子膜的温度不断升高，FDTS 在温度不断升高的情况下，其作为边界润滑膜的润滑作用逐渐失效，微弧氧化层基底本身特性逐渐占据主导地位。在载荷较大情况下，摩擦过程中温度升高较快，因此在 75mN 载荷下的边界润滑膜的作用时间（500s）小于 25mN 载荷下的边界润滑作用时间（1000s）。

图 5.11 所示为镁合金基底、微弧氧化层、经自组装分子膜修饰的微弧氧化层在 25mN 和 75mN 载荷下与 Si_3N_4 球对偶摩擦时 180s 内的平均摩擦系数与摩擦速度之间的变化曲线。

由图可见，在两种不同载荷作用下，相同膜层的对偶摩擦副中，75mN 载荷下的摩擦系数明显大于 25mN 载荷。这是由于在边界润滑过程中，摩擦系数主要取决于 Si_3N_4 球与试样膜层之间发生直接接触部分的面积大小，当载荷增大时，直接接触面积变大，因此其摩擦系数随载荷的增加而变大。对比图中三种膜层摩擦系数与滑动速度关系发现：摩擦系数均随着滑动速度的增加而变大，镁基底的摩擦系数增长最为迅速，自组装分子膜修饰后的试样表现摩擦系数增长最为缓慢。摩擦系数随摩擦速度的增大而增加，分析认为由于滑动速度对摩擦系数的影响主要取决于摩擦副接触表面的温度状况，在滑动过程中产生的发热和温度变化改变了表面层的性质和摩擦过程中相互作用形式。在本研究中，由于滑动速度的增加，膜层表面的发热和温度升高加剧。对镁合金基底和微弧氧化层而言，表层温度升高，其表面黏附性能增强，因此其摩擦系数变大；对于自组装分子膜而言，表面层随温度的升高造成其分子结构的改变，使其与 Si_3N_4 球的直接接触面积增加，从而造成其摩擦系数随滑动速度的增加而变大，但由于自组装分子膜在

特殊浸润性表面的
开发制备与性能研究

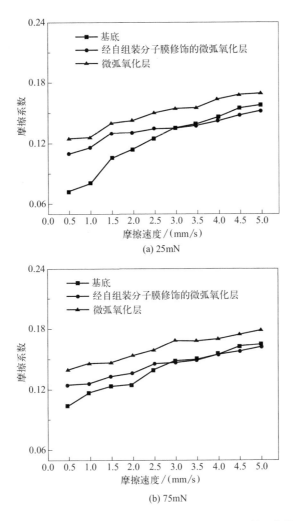

图 5.11　镁合金试样摩擦系数随滑动速度变化的关系曲线

180s 的短期摩擦试验中始终能够起到边界润滑作用，因此其摩擦系数随摩擦速度的增加最为缓慢。

三种膜层试样在 75mN 载荷下磨损测试 10h 后，其表面磨损形貌如图 5.12 所示。

由图可见：基底 MB8 镁合金的磨痕较大，磨痕宽度在 $260\mu m$ 以上，在滑动区域沿滑动方向存在有深且细长的犁沟，同时有明显的塑性变形发生，磨痕上有少量磨屑存在，磨损以黏着磨损为主，存在部分磨粒磨损，其主要磨损机制是犁削和黏着；而微弧氧化层和经自组装分子膜修饰的微弧氧化层的磨痕均较为轻微，磨痕宽度均在 $200\mu m$ 左右，只有浅浅的痕迹，黏着和擦伤作用均明显减轻，没有明显的犁沟存在。分析认为，微弧氧化层的硬度比原镁合金基底硬度增大近 10 倍是其磨痕明显轻微的主要原因；而对于经自组装分子膜修饰的微弧氧化层，其表面沉积的 FDTS 分子膜在磨损过程中发生失效后，微弧氧化基底特性占据主导地位，其表面的高硬度对减轻磨痕起到明显的作用。

图 5.12　镁合金基底、微弧氧化层和经自组装分子膜修饰的微弧氧化层的磨痕形貌

　　表 5.4 给出了三种膜层试样在两种不同载荷下磨损测试 10h 的磨损量对比关系。

　　由表可见，75mN 载荷下膜层的磨损量明显大于 25mN 载荷的磨损量，分析认为在边界润滑条件下，如果滑动面之间的真实接触面积用 A 表示，则摩擦力 F 可表示为：

$$F=A[\alpha_w\tau_s+(1-\alpha_w)\tau_L]+F_P \tag{5.1}$$

　　式中，α_w 为固体接触面积 A_m 在真实接触面积 A 中所占的百分数，$\alpha_w=A_m/A$；τ_s 和 τ_L 分别为固体和润滑膜表面的剪切强度；F_P 为犁沟效应产生的阻力。总载荷可表示为：$W=A\bar{p}$，$\bar{p}$ 为平均压力，因此边界润滑膜的摩擦系数 f_{BL} 可表示为：

$$f_{BL}=F/W=\alpha_w\left(\frac{\tau_s}{\bar{p}}\right)+(1-\alpha_w)\frac{\tau_L}{\bar{p}}+f_P \tag{5.2}$$

　　式中，$f_P=F_P/\bar{p}A$，在边界润滑条件下较小，可以忽略。当载荷增大时，α_w 增大，使 $\alpha_w\left(\frac{\tau_s}{\bar{p}}\right)$ 增大，$(1-\alpha_w)\frac{\tau_L}{\bar{p}}$ 减小。由于 τ_s 远大于 τ_L，所以 f_{BL} 增大，从而导致摩擦系数随着载荷的增大而增大。

表 5.4 不同膜层的磨损量

试样	载荷/mN	磨损量/mg
基底	25	12.6
微弧氧化层	25	5.2
经 FDTS 修饰的微弧氧化层	25	4.5
基底	75	20.7
微弧氧化层	75	8.5
经 FDTS 修饰的微弧氧化层	75	7.4

因此，在载荷较大为 75mN 时，Si_3N_4 球与试样膜层之间发生直接接触部分的面积较大，其在摩擦测试过程中摩擦系数增长得较快，其摩擦系数先于 75mN 载荷达到波动和稳定状态。在较大载荷作用下进行滑动磨损测试，其磨损造成的材料表面破坏、缺失的面积相对较大，因此磨损量也较大；在相同载荷作用下，镁合金基底磨损量远大于微弧氧化层和自组装分子膜修饰的微弧氧化层的磨损量，说明微弧氧化层的耐磨性能显著提高；经自组装分子膜修饰后的微弧氧化层的磨损量略小于微弧氧化层，分析认为由 FDTS 自组装分子膜形成的边界润滑膜在磨损初期具有致密的排布结构，与基底结合良好，具有明显的减摩作用，伴随着摩擦副表面温度升高，自组装分子膜发生失效，其残留的部分会伴随着磨损过程附着在 Si_3N_4 球与试样表面上，对摩擦副起到一定的润滑作用。因此，经自组装分子膜修饰的微弧氧化层能进一步降低表面磨损量、提高耐磨性。

5.2.4 致密层摩擦学特性

利用 800#、1000# 和 1500# 砂纸依次对微弧氧化层进行表面打磨处理，去除表面的疏松层，得到平整的致密层（由打磨处理后的试样横截面 SEM 形貌可见已不存在疏松层，致密层厚度约为 $30\sim45\mu m$，其表面粗糙度 Ra 为 $0.307\mu m$），测试该表面在自组装分子膜修饰前后的接触角和摩擦学性能。经自组装分子膜修饰的平整致密层接触角在 110°左右。

如图 5.13 所示为镁合金基底、致密层、经自组装分子膜修饰的致密层三种表面在 25mN 载荷、3mm/s 滑动速度下和 75mN 载荷、3mm/s 滑动速度下与 Si_3N_4 球之间的摩擦特性曲线。

由图可见，三种膜层在两种载荷作用下经过一段时间的摩擦磨损后最终摩擦系数逐渐趋于稳定。其中镁合金基底摩擦系数缓慢上升逐渐趋近于 0.195，经自组装分子膜修饰的致密层的摩擦系数在磨损过程中基本恒定，致密层的摩擦系数在整个磨损过程呈现下降的趋势，最终趋近于 0.135，与经自组装分子膜修饰的致密层的摩擦系数相同。对比两种载荷下摩擦系数与磨损时间关系曲线发现：25mN 载荷下，经自组装分子膜修饰的致密层的摩擦系数在最初的 1500s 明显小于镁合金基底和致密层，致密层的摩擦系数在此阶段逐渐降低，镁合金基底的摩擦系数在此阶段基本不变；在 2000s 前后，三者的摩擦系数基本一致；此后，致密层与经自组装分子膜修饰的致密层的摩擦系数经过一段

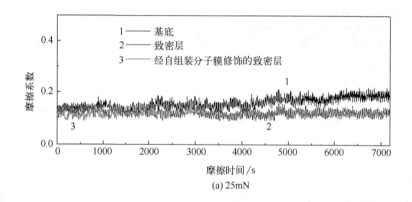

(a) 25mN

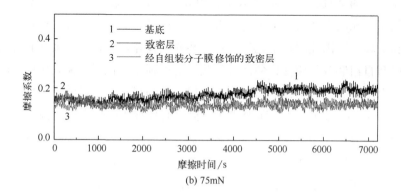

(b) 75mN

图 5.13　摩擦系数随磨损时间变化的关系曲线

时间波动,逐渐稳定在 0.135 左右,镁合金基底摩擦系数缓慢上升逐渐趋近于 0.195。由 75mN 载荷下的摩擦系数与磨损时间曲线可见,在最初 500s 内,经自组装分子膜修饰的致密层的摩擦系数小于镁合金基底和致密层,在 500s 左右致密层的摩擦系数已逐渐降低至与经自组装分子膜修饰的致密层的摩擦系数相同,三者的摩擦系数在 1000s 前后基本一致;此后,致密层与经自组装分子膜修饰的致密层的摩擦系数逐渐趋于稳定,镁合金基底摩擦系数经逐渐上升后趋于稳定。

分析认为,由于致密层与经自组装分子膜修饰的致密层均具有较为平整的表面结构,两种试样的硬度也远远大于镁合金基底,因此在磨损测试过程中,致密层、经自组装分子膜修饰的致密层与 Si_3N_4 球之间的黏着现象明显减轻,前两者的摩擦系数小于镁合金基底。在磨损实验最初一段时间内,基于 FDTS 自组装分子膜制备的疏水性表面形成的边界润滑膜同样具有一定的减摩作用。伴随着磨损实验的进行,试样表面的温度在摩擦作用下不断升高,超过了 FDTS 自组装分子形成的边界润滑膜的临界温度,此膜层逐渐失效,其摩擦系数逐渐接近于致密层。同时,在 75mN 较大载荷作用下,摩擦升温较快,边界润滑膜在较短时间内(500s)失效,小于在 25mN 载荷下的边界润滑作用时间(1500s)。

图 5.14 所示为镁合金基底、致密层、经自组装分子膜修饰的致密层在 25mN 和

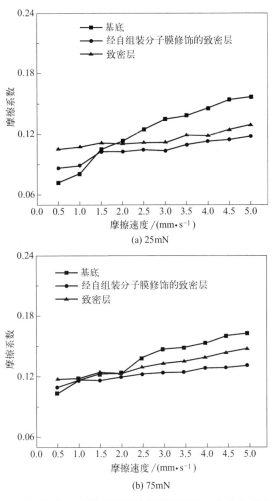

(a) 25mN

(b) 75mN

图 5.14 镁合金试样摩擦系数随滑动速度变化的关系曲线

75mN 载荷下与 Si_3N_4 球对偶摩擦时 180s 内的平均摩擦系数与摩擦速度之间的变化曲线。

由图可见，相同摩擦副下，75mN 载荷下的摩擦系数明显大于 25mN 载荷。这与式（5.2）得到的结果相一致，即边界润滑条件下，摩擦系数主要取决于 Si_3N_4 球与试样膜层之间发生直接接触部分的面积大小，当载荷增大时，直接接触面积变大，因此其摩擦系数随载荷的增加而变大。三种膜层摩擦系数均随滑动速度的增加呈现增大趋势。这与滑动速度对摩擦系数的影响主要取决于摩擦副接触表面的温度状况相关，在滑动过程中产生的发热和温度变化改变了表面层的性质和摩擦过程中相互作用形式。由此图 180s 内自组装分子膜表面摩擦系数在较大摩擦速度情况下优于其它两种膜层，证实了自组装分子膜层形成的边界润滑膜在两种载荷条件（75mN、25mN）下短时间内（180s）能够有效降低基底的摩擦系数。同时，对比图 5.14 和图 5.11 可见，表面光滑的致密层相比粗糙结构的疏松层其摩擦系数明显减少，证实了表面基底效应对摩擦系数具有重要的影响作用。致密层表面在较大的摩擦速度下，其摩擦系数小于镁合金基底，表明高硬度、表面光滑形貌对降低摩擦系数起到重要作用。

致密层和经自组装分子膜修饰的致密层在 75mN 载荷下磨损测试 10h 后，其表面磨损形貌如图 5.15 所示。

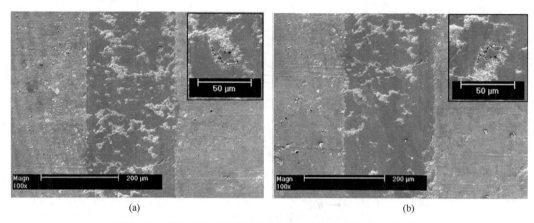

(a)   (b)

图 5.15　致密层和经自组装分子膜修饰的致密层的磨痕形貌

将该磨痕与图 5.9（a）镁合金基底磨痕对比可见，致密层和经自组装分子膜修饰的致密层的磨痕宽度均较小，致密层上的磨痕宽度约为 228μm，经自组装分子膜修饰的致密层的磨痕宽度约为 222μm。由磨痕可见划痕均较为细浅，没有明显的犁沟存在，但黏着和擦伤作用明显增强，表面存在的裂纹与滑动方向成 45° 出现（见图 5.15 图片右上角所示），其磨损破坏形式表现出疲劳磨损特征。

表 5.5 所示为三种膜层试样在两种不同载荷下磨损测试 10h 的磨损量对比关系。

表 5.5　不同膜层的磨损量比较

试样	载荷/mN	磨损量/mg
基底	25	12.6
致密层	25	2.0
经 FDTS 修饰的致密层	25	1.7
基底	75	20.7
致密层	75	3.2
经 FDTS 修饰的致密层	75	2.8

由表可见，致密层和经自组装分子膜修饰的致密层的磨损量远远小于镁合金基底，表现出良好的抗磨性能；75mN 载荷下试样磨损量明显大于 25mN 载荷的磨损量；经自组装分子膜修饰后的致密层的磨损量略低于致密层。分析认为，致密层较为平整的表面、硬度的提高和 FDTS 自组装分子膜形成的疏水性边界润滑膜的存在对减轻磨痕和减少磨损量均起到了一定的作用。

通过进一步对比致密层和疏松层的摩擦系数与磨损时间曲线（图 5.10 与图 5.13）、磨损量（表 5.4 与表 5.5）可见，致密层和疏松层均具有良好的抗磨性，致密层比疏松层具有较低的摩擦系数，其抗磨性也有明显的提升。分析认为，致密层比疏松层具有更加致密的组织结构，其与基底结合良好，表面硬度较大，因此致密层的抗磨性较好。经自组装分子膜修饰后，粗糙的疏松层形成超疏水性边界润滑膜，而较为平整的致密层形成了疏水性边界润滑膜，两种边界润滑膜在一定载荷条件下摩擦初期阶段均降低了基底的摩擦系数。基于疏松层形成的超疏水表面由于表面粗糙度较大，其在边界润滑膜失效后，粗糙的基底特性占主导地位，摩擦系数增大至超过了镁合金基底；基于致密层形成的疏水性表面具有较为平整的基底结构，在边界润滑膜失效后，由平整致密层主导的基底摩擦系数始终小于镁合金基底。

5.3
本章小结

本章采用正交试验，获得一系列具有不同形貌结构的微弧氧化层表面，通过修饰FDTS获取最优超疏水表面，此时的试验工艺参数为以硅酸钠和碳酸钠为主盐的电解液体系，其中 Na_2SiO_3 10g/L、Na_2CO_3 5g/L、EDTA 4g/L、氟化钾 10g/L、氢氧化钠 4g/L、电流密度为 $2.0A/dm^2$，微弧氧化时间为 15min。对此工艺条件下制备得到的表面形貌、浸润性和微摩擦学特性进行了分析，得到如下结论：

① 利用微弧氧化技术在镁合金试样表面原位生长形成由致密层和疏松层组成的微弧氧化层，与原基底相比，微观尺度粗糙度明显增大；该生成层是由 Mg、MgO 和 Mg_2SiO_4 三相组成，其显微硬度明显增大至接近原基底的 10 倍；该生成层呈现明显的超亲水性；

② 镁合金试样经微弧氧化处理和沉积自组装分子膜后，实现了镁合金表面浸润性由亲水到超亲水再到超疏水的转变；超疏水性镁合金表面的获得是其表面粗糙结构和低表面能物质 FDTS 自组装分子膜共同作用的结果；

③ 致密层与疏松层和经自组装分子膜修饰的膜层均具有比镁合金基底更好的抗磨性能，微弧氧化层的高硬度对其耐磨性的提高起到重要作用；基于自组装技术形成的疏水、超疏水边界润滑膜在一定载荷条件下可有效地降低基底的摩擦系数，在边界润滑膜失效后，基底效应占据主导地位。

参 考 文 献

［1］ Elsentriecy H H，Azumi K，Konno H. Effect of surface pretreatment by acid pickling on the density of stannate conversion coatings formed on AZ91D magnesium alloy ［J］. Surface & Coatings Technology，2007，202（3）：532-537.

［2］ Yang J X. Ion-beam assisted deposited C-N coating on magnesium alloys ［J］. Surface& Coatings Technology，2008，202：5737-5741.

［3］ Scott A，Gray-Munro J E. The surface chemistry of 3-Mercap to propyltrim ethoxysilane films deposited on magnesium alloy AZ91 [J]. Thin Solid Films, 2009, 517: 6809-6816.

[4] Sachiko Hiromoto. Precipitati on control of calcium phosphate on pure magnesium by anodization [J]. Corrosion Science, 2008, 50: 2906-2913.

[5] Lv G, Chen H, Gu W. Effects of current frequency on the structural characteristics and corrosion property of ceramic coatings formed on magnesium alloy by PEO technology [J]. Journal of Materials Processing Technology, 2008, 208: 9-13.

[6] Kim H, Lee H, Maeng W J. Applications of atomic layer deposition to nanofabrication and emerging nanodevices [J]. Thin Solid Films, 2009, 517: 2563-2580.

[7] Song X, Zhai J, Wang Y, et al. Self-assembly of amino-functionalized monolayers on silicon surfaces and preparation of superhydrophobic surfaces based on alkanoic acid dual layers and surface roughening [J]. Journal of Colloid and Interface Science, 2006, 298 (1): 267-273.

[8] Wei H, Wang K, Su X, et al. Preparation of super-hydrophpbic films with perfluoroalkylethyl acrylate random copolymers [J]. Acta Polymerica Sinica, 2008 (1): 69-75.

[9] Barchuiche C E, Rocca E, Hazan J. Corrosion behaviour of Sn-containing oxide layer on AZ91D alloy formed by plasma electrolytic oxidation [J]. Surface & Coatings Technology, 2008, 202 (17): 4145-4152.

[10] Yerokhin A L, Nie X, Leyland A, et al. Plasma electrolysis for surface engineering [J]. Surface and Coatings Technology, 1999, 122 (2-3): 73-93.

特殊漫润性表面的
开发制备与性能研究

第6章

基于微弧氧化与纳米颗粒制备镁合金超疏水表面及其耐蚀性

镁合金的高比强度、比刚度、加工简单等特点使镁合金具有非常广阔的应用前景。同时，其密度低、优秀的切削性、极好的可操作性让轻型镁合金成了近年来炙手可热的研究对象。但是，相比于其它各种常用的金属，镁合金的耐腐蚀性不佳，尤其是在潮湿大气、含硫气氛和海洋大气中更为明显，造成镁合金耐腐蚀性能不佳的原因主要是镁的电位低，且镁的化学活性又很高，这些缺点让镁合金在工程领域的应用范围受到了很大的限制。鉴于以上镁合金的种种特点，怎样让镁合金的工业应用范围扩大受到了人们的广泛关注。镁合金表面的超疏水化成为扩大镁合金作为功能性材料的研究途径之一。目前对镁及其合金进行超疏水表面改性的工艺主要有：浸泡法[1]、化学刻蚀[2]、等离子电解氧化[3]、有机镀膜法[4] 等。然而这些工艺均存在一定的局限性，如：设备昂贵、工艺过程复杂，或不适合大规模生产，或工艺稳定性较差等。

应用纳米颗粒制备超疏水表面是近年来出现的一种相对简单的工艺方法，有望克服上述工艺存在的不足。如 Georgakilas 等[5] 利用多壁面碳纳米管作为制备超疏水表面的纳米颗粒，通过对其进行化学修饰，制备得到无序排布的超疏水多壁面碳纳米管阵列；Bravo 等[6] 利用交替沉积成膜技术将不同尺寸的纳米二氧化硅颗粒涂覆到玻璃基底，制备得到透明的超疏水膜层；Xu 等[7] 利用多壁碳纳米管作为制备超疏水表面的纳米颗粒，通过对其进行烷基改性等一系列化学修饰，制备得到无序排布的超疏水性多壁碳纳米管阵列；Hou 等[8] 将聚苯乙烯与纳米二氧化硅颗粒充分混合的分散液涂覆到玻璃基底，通过控制干燥处理过程制备得到超疏水表面。

本章采用对镁合金进行微弧氧化处理，在其表面原位生长具有微米级粗糙结构的微弧氧化层，有效改善其表面摩擦和耐蚀性能，再通过环氧树脂溶液将二氧化硅颗粒均匀分散偶联在具有微米级粗糙结构的微弧氧化层表面，得到微/纳二元粗糙结构，最后利用全氟硅烷进行表面修饰，制备得到镁合金超疏水表面。该研究为改善镁合金的表面特性及提高其使用性能提供了有效的手段。

6.1
材料与制备

6.1.1　材料与试剂

实验使用基底材料为 Mg-Mn 合金系，牌号为 MB8 镁合金，使用试样大小为 $60mm \times 10mm \times 2mm$。

微弧氧化过程中电解液配置使用试剂包括：硅酸钠（$Na_2SiO_3 \cdot 9H_2O$），纯度大于 99.9%；氢氧化钠（NaOH），纯度大于 96.0%；乙二胺四乙酸，即 EDTA，$[(HOOCH_2C)_2NCH_2CH_2N(CH_2COOH)_2]$，纯度大于 99.5%。以上均购自国内厂家。

参与纳米颗粒涂覆过程制备的试剂包括：纳米气相二氧化硅颗粒，直径为 20～

30nm，购自 Cabot 公司；偶联剂为国产 γ-氨丙基甲基二乙氧基硅烷，分子式为 $(CH_3O)_2CH_3Si(CH_2)_5NH_2$；促进剂为国产 2,4,6-三（二甲氨基甲基）苯酚；固化剂为聚酰胺树脂；环氧树脂 E-44，型号 6106。有机硅烷分子为 FDTS，纯度为 97%，购自 Fluka 公司；其余试剂丙酮、乙醇等均为分析纯。

6.1.2 制备过程

（1）预处理与微弧氧化处理

镁合金试样预处理过程同 5.1.2 小节。微弧氧化工艺为了保证制备得到的试样表面具有稳固超疏水状态，从具有"荷叶效应"的莲属科叶面形貌出发，"仿生"构建微纳米二元粗糙结构。利用 5.2.1 中的正交试验过程，获取表面微米级粗糙结构，微弧氧化过程选用以硅酸钠为主盐的电解液体系，制备过程如下：微弧氧化电源采用恒流源工作模式，工作频率 700Hz，电流占空比设置为 0.2，电流密度为 $2.5A/dm^2$。最优电解液组分为硅酸钠 10.0g/L，EDTA 2.0g/L，氟化钾 6.0g/L 和氢氧化钠 6.0g/L。以镁合金试样作为工作阳极，用不锈钢工件作为保护阴极，微弧氧化过程中对电解液进行不间断冷却，使电解液温度控制在 35～45℃之间，微弧氧化时间为 15min。

（2）二氧化硅表面层的制备与修饰

称取 1.0g 固化剂、0.1g 促化剂和 5.0g 环氧树脂，将其溶于 50mL 丙酮中制成环氧树脂溶液。称取纳米气相二氧化硅颗粒、偶联剂（二者质量比 2∶1）置于乙醇烧杯中，利用超声振荡实现二氧化硅颗粒与偶联剂充分接触混合，依此法制备不同浓度的二氧化硅分散液，二氧化硅分散液浓度在 1.0～30.0g/L 之间。将环氧树脂溶液均匀滴涂在经微弧氧化处理后的陶瓷氧化膜层表面，室温下风干 30min 备用；将不同浓度的二氧化硅分散液分别滴涂到上述微弧氧化层表面，置于 100℃ 干燥箱中 3h 固化；将体积浓度为 1.5% 的 FDTS 乙醇溶液滴涂到上述经固化处理的试样表面，并置于 100℃ 干燥箱中固化 1h。

6.1.3 测试与表征

利用 HITACHI-TM3000 型和 FEI-QUANTA200F 型扫描电子显微镜对微弧氧化层和二氧化硅颗粒涂覆层形貌进行表征；试样组织结构利用 X 射线衍射仪（D/MAX－Ultima＋型，产自日本 Rigaku Corporation 公司）进行分析，采用 CuKα 辐射，$\lambda=0.15406nm$，管电压 40kV，管电流 20mA，扫描速度 1°/min，扫描角分辨率 0.02°，入射角度 2°；用德国产的 Easy-Drop 型接触角测量仪测量试样的水接触角；利用 NAC-HS512SC 高速摄影系统采集记录水滴在试样表面的滚动过程，该设备示意图如图 6.1 所示；利用 EG&G-VMP3 多通道电化学工作站采集 3.5% NaCl 水溶液动电位极化曲线，对试样耐腐蚀性进行测试评价，采用三电极体系，饱和甘汞为参比电极，Pt 为辅助电极，试样测试面积为 $1cm^2$，动电位扫描速率为 1mV/s，在室温条件下进行。

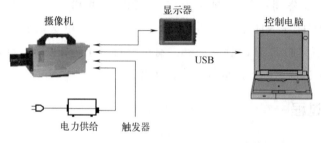

图 6.1　NAC-HS512SC 高速摄影系统

6.2
结果与讨论

6.2.1　形貌表征与物相分析

（1）微弧氧化层

图 6.2 所示为镁合金试样经微弧氧化处理后的表面形貌。由图可见，微弧氧化层表面凹凸不平，存在明显的突起和凹坑，凹坑的直径多在 5μm 以内，较为均匀地分布在整个试样表面，部分突起物上分布有数量较少的微裂纹。对这种特殊的表面形貌结构分析认为，表面微观形貌与微弧氧化形成机制、反应过程密切相关。

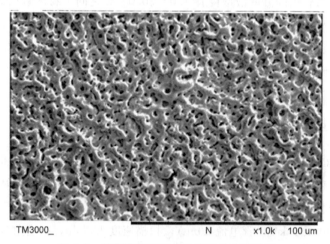

图 6.2　试样经微弧氧化处理后的表面形貌

观察微弧氧化反应过程，在最初通电的几秒内，大量气泡立即在镁合金试样表面不断生成，这些气泡最初密集地排布在试样表面，其体积由小变大直到脱离试样表面到达电解液表层后破裂；大约在通电 60s 后，伴随着气泡的不断生成与脱离，试样表面上开始出现零星的放电火花，火花放电位置处于不断的变化中，试样很快变成了一个浅白色的发光体；分析认为，镁合金试样在工作电压的作用下发生等离子放电击穿，等离子放电通常发生在试样表面薄弱的位置，随着膜层击穿，伴随有火花放电过程。

随着通电时间的增加，放电火花的数量逐渐增多，大约在 400s 后，放电火花逐渐布满了试样的表面，试样表面上电火花颜色逐渐由浅白色变成了橘黄色，此过程中一直伴随有密集的嗡鸣声和气泡溃灭的轻微爆炸声，放电火花的位置一直处在变化中，由于工作电路处于恒流源状态，工作电压逐渐上升。在这一过程中，由于放电击穿膜层的动作不断发生，膜层在放电击穿后局部电流密度剧增，镁合金与电解液反应生成物快速形成，微弧等离子的持续放电造成生成物形成过程不断进行，由于电解液的快速冷却作用，使反应生成物不断生成、冷却，从而相互叠加，造成局部突起，由此形成凹凸不平的表面微形貌，因为这一过程中伴随微弧氧化陶瓷层的不断生长，其膜层厚度逐渐变大，在发生电流击穿过程中所需工作电压也势必要求增大，因此，在这一恒流源工作状态下，其工作电压逐渐上升。

伴随着反应过程持续 15min 后，微弧氧化过程结束，在镁合金试样上制备得到微弧氧化层的厚度在 50～60μm 之间。试样表面上存在的大量微孔是等离子放电通道，由于等离子放电击穿膜层，高温熔融态氧化物在电解液快速冷却过程中形成喷发通道，在电解液冷却作用下快速形成微孔。

镁合金试样经微弧氧化处理后，对该膜层进行 XRD 谱图分析，如图 6.3 所示。由该谱图可见，MB8 镁合金试样的微弧氧化层的主要物相是由 MgO、Mg 和 Mg_2SiO_4 组成。由于本实验测试采用 X 射线薄膜衍射法[9] 对微弧氧化膜进行物相分析，即以较低掠射角入射 X 射线（2°），避免基底镁合金对衍射峰的干扰，仅获取来自微弧氧化层的表面衍射信息，可以认为此时的三相均来自微弧氧化层。因此，Mg 相的存在证实了微弧氧化过程中部分 Mg 可能没有参与化学反应，只是 Mg 相在高温作用下处于熔融态，在电解液冷却过程中被其他物相包裹，组成微弧氧化层的一部分；MgO 相认为是微弧等离子放电过程中镁合金基底在高温作用下发生氧化反应的高温烧结相；Mg_2SiO_4 相的存在则证实了电解液参与微弧氧化反应，电解液中的 SiO_3^{2-} 通过放电通道与镁合金基底中的 Mg 相发生反应后生成了 Mg_2SiO_4 相。

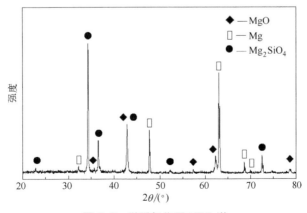

图 6.3　微弧氧化层 XRD 谱

（2）复合膜层的制备与表征

二氧化硅颗粒作为制备超疏水表面的重要组成部分，其参与制备过程如下：由于气相纳米二氧化硅颗粒表面富含羟基，其表面羟基与偶联剂上的硅氧甲基发生醇解、脱水、缩合反应，从而在二氧化硅表面接枝有机硅烷链条；环氧树脂在偶联剂上氨基作用下发生开环反应，开环后形成的羟基也与偶联剂上的硅氧甲基反应；在偶联剂的作用下，纳米二氧化硅颗粒参与环氧树脂的固化过程，同时将二氧化硅颗粒植入到微弧氧化层表面。在环氧树脂固化完成后，环氧树脂剩余羟基、二氧化硅表面未发生缩合反应的羟基均能与发生水解后带有羟基的 FDTS 分子发生缩合反应，在其表面接枝形成碳氟长链，从而形成有序致密的分子排布。图 6.4 所示为复合膜层的制备过程示意图，由该图可以反映出各种试剂参与制备过程的反应的实质。

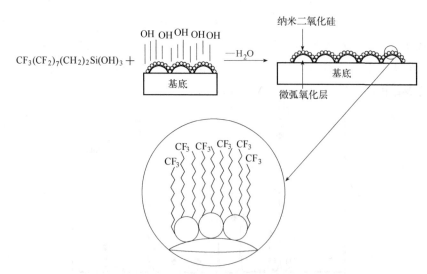

图 6.4　复合膜层的制备示意图

图 6.5 所示为二氧化硅分散液浓度为 10.0g/L 条件下制备的二氧化硅涂覆层表面

特殊浸润性表面的
开发制备与性能研究

图 6.5　微弧氧化层表面附着纳米二氧化硅颗粒表面形貌

形貌，由图可见，二氧化硅颗粒多以微小团簇的形式存在于试样表面，团簇直径多在数十纳米，极少数团簇的直径达到 100nm，这些团簇较为均匀地分散在表面上，团簇之间存在明显的间隙。

6.2.2　浸润性分析

表 6.1 所示为不同试样表面的接触角。

表 6.1　不同试样表面的接触角

试　　样	接触角/(°)
抛光表面	56.4
微弧氧化层	约 0
经 FDTS 修饰的抛光表面	108.7

由表可见，镁合金基底的抛光表面的接触角为 56.4°，说明镁合金基底本身呈现亲水性；利用 FDTS 对抛光镁合金基底进行修饰后，其接触角增大到 108.7°，此时呈现疏水性，研究表面，FDTS 的末端基团—CF_3 具有的较低的表面自由能和 FDTS 的碳链长度以及分子膜层的致密有序排布，使自组装分子膜有效地降低了镁合金基底的表面自由能，因此呈现出疏水性能；镁合金经微弧氧化作用后，表面接触角接近于 0°，呈现超亲水特性，对此分析认为：①镁合金表面在微弧放电的作用下形成的陶瓷层呈现明显的凹凸不平特征，该表面在微弧放电和热应力等作用下分布着许多微小空隙和极小的微裂纹，这些微结构的存在使毛细吸附力骤增，诱使水滴能够尽快地接近微结构表面，在这一过程中，水分子与微结构表面之间的范德瓦耳斯力得到增强，诱使水分子完全铺展在微弧氧化层表面；②镁合金在微弧氧化过程中释放大量的光和热，这些释放能量部分扩散、存留在陶瓷层中，诱使其表面自由能增大，逐渐接近于水分子本身的自由能（72.8mJ/m^2），根据相似相溶原理，此时的微弧氧化层与水分子具有极强的相溶性，因此水分子在其表面铺展、扩散，呈现超亲水性能。

图 6.6 所示为不同二氧化硅分散液浓度下制备得到经 FDTS 修饰后的微/纳二元粗糙表面的接触角。

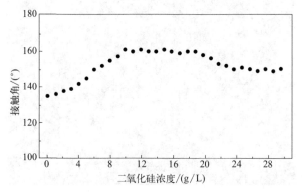

图 6.6　附着不同浓度纳米二氧化硅溶液的微弧氧化表面的接触角

由图可见，与光滑镁合金基底、微弧氧化层和修饰 FDTS 的光滑镁合金表面相比，此类表面的静态接触角明显增大，且在二氧化硅分散液浓度达到 6.0g/L 后的试样表面呈现超疏水性。分析认为，自组装分子膜 FDTS 的末端官能团—CF$_3$ 具有较低的表面自由能，自组装分子膜在制备的微弧氧化层与纳米二氧化硅颗粒组成的微/纳二元粗糙表面上具有致密有序的分子排布，有效地降低了原基底表面自由能，因此呈现较大的静态接触角。由图可见，随着二氧化硅分散液浓度的增加，试样表面接触角在初期呈现增大的趋势，在 10.0g/L 时达到极值 161°（见图 6.6），浓度在 10.0～20.0g/L 之间没有明显的变化，随后在二氧化硅浓度继续增加的情况下接触角逐渐减小，在浓度达到 25.0g/L 之后接触角逐渐稳定在 150°。

分析认为，接触角的变化与经不同浓度二氧化硅分散液制备得到复合表面的微结构存在一定的差异相关。根据 Cassie-Baxter 模型，水滴在具有微细粗糙结构疏水性表面上的接触是一种复合接触，水滴不仅与固体表面相接触，而且与微结构中存在的"气垫"相互作用，所以这种表观上的固液接触面实际上是由固液接触面和气液接触面共同组成的，此时的接触角满足如下关系：

$$\cos\theta = f_1\cos\theta_1 + f_2\cos\theta_2 \tag{6.1}$$

式中，f_1 和 f_2 分别为空气和固体占整个接触面积的百分数；θ_1 和 θ_2 分别为空气和固体表面的本征接触；θ 为表观接触角。由于 $\theta_1 = 180°$，$f_1 + f_2 = 1$，所以式（6.1）可写为：

$$\cos\theta = -1 + f_2(\cos\theta_2 + 1) \tag{6.2}$$

由式（6.2）可见，表观接触角 θ 与固体面积百分比 f_2 成反比，与空气面积百分比 f_1 成正比。

在本研究中，对二氧化硅分散液浓度较低时制备的复合表面，其附着在微弧氧化层上的二氧化硅颗粒较少，复合膜层形貌结构以微弧氧化层基底为主，此时的固体面积百分比数值较大，因而接触角小于 150°，但由于微弧氧化层上具有的微米级粗糙结构和低表面能 FDTS 的作用使其接触角在 140°左右；随着二氧化硅分散液浓度逐渐增大，制备得到的复合膜层表面的二氧化硅颗粒逐渐增多，二氧化硅颗粒以纳米级团簇的形式分布在微弧氧化层上，从而形成类似于荷叶的微/纳二元粗糙结构，在水滴接触到此类复合表面时，微弧氧化层中的微米级孔洞和二氧化硅团簇之间存在的纳米级空隙（如图 6.5 所示）会增大"气垫"的存留，进而增大了空气面积百分比，因此其接触角进一步增大，达到超疏水性；但随着二氧化硅浓度的逐渐增大，二氧化硅团簇之间的空气会相对减少并逐渐趋于稳定，而微弧氧化层中的微孔会逐渐被二氧化硅颗粒填充，从而减少了该表面与水滴在接触过程中的空气百分比数值，因此，接触角逐渐减小并趋于稳定，此时的空气百分比依然可以满足超疏水表面的获得。

为了进一步证实微/纳二元粗糙结构对超疏水表面的构建起到重要作用，对平整光滑镁合金基底进行二氧化硅颗粒涂覆，并进行 FDTS 修饰，测量试样在不同二氧化硅分散液浓度下的接触角，测量结果如图 6.7 所示。

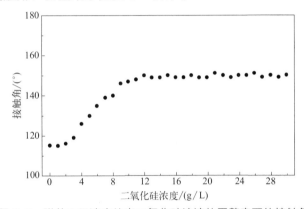

图 6.7　附着不同浓度纳米二氧化硅溶液的平整表面的接触角

由图可见，在二氧化硅浓度较低时，试样对水接触角呈现随二氧化硅浓度提高而逐渐增大的趋势，在二氧化硅浓度达到 12.0g/L 时，试样表面接触角达到最大值 150°左右（与图 6.6 接触角相比，此表面接触角的极大值明显减小），此后，在二氧化硅浓度继续提高的情况下，接触角没有出现明显的变化，一直稳定在 150°左右，与图 6.6 试样在浓度逐渐增大的情况下得到的接触角基本一致。对比图 6.7 与图 6.6 两组试样接触角可见，复合表面超高接触角（161°）的获得是微弧氧化层与纳米二氧化硅颗粒相结合形成微/纳二元粗糙结构在低表面能物质 FDTS 共同作用下获得的。

对制备得到的镁合金复合膜层进行浸润性分析，测量了该膜层（二氧化硅分散液浓度 10.0g/L）对不同 pH 值水溶液（以氯化氢、氯化钠、氢氧化钠等辅以蒸馏水配制）的接触角，测量结果如图 6.8 所示。

由图可见，膜层表面对 pH 值在 1～14 范围内的水溶液均表现出良好的超疏性；pH 接近于 7 的溶液接触角最大，可以达到 161°，随着水溶液酸、碱性的增强，接触角略有下降，但其接触角均在 150°以上。可见制备得到的超疏水表面在不同酸碱条件下均保持良好的超疏性。

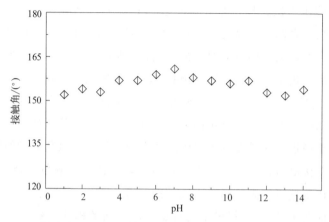

图 6.8　不同 pH 值的水溶液在复合表面的接触角

6.2.3　黏附性分析

对超疏水表面黏附性的研究近年来已引起广泛关注。McCarthy 等[11] 首次提出超疏水表面黏附性的表征方法。基于此法，利用接触角测量仪和高速摄影机对制备得到的超疏水表面进行黏附性表征。图 6.9 所示为超疏水镁合金表面逐渐挤压悬挂于针头的 $4\mu L$ 水滴的光学图片。

在超疏水表面与水滴接触的过程中，无论超疏水表面如何挤压接触水滴，水滴始终无法被超疏水表面拉落脱离针头，表明水滴与超疏水表面之间无明显黏附现象；水滴与试样表面在接触受迫过程中，水滴始终保持近乎球形，且水滴能轻易离开超疏水表面，之后无任何水滴残留表面。此过程表明制备得到的超疏水镁合金表面具有优良的表面低黏附性。

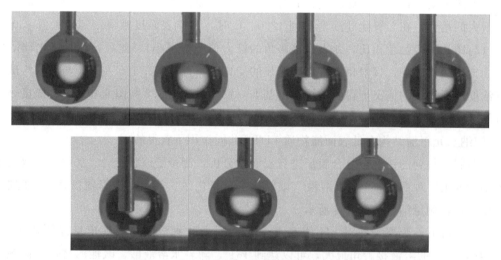

图 6.9　$4\mu L$ 水滴与试样接触过程的光学图片

图 6.10 所示为高速摄影系统采集的水滴在超疏水镁合金表面上处于稳定滚动状态

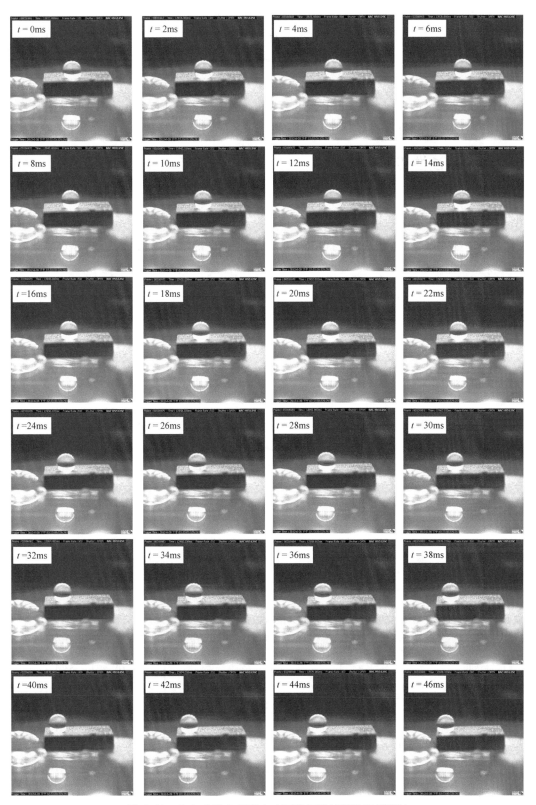

图 6.10　8 μL 水滴在超疏水表面的运动过程的光学图片

下的光学图片。为了使水滴能够脱离针头的吸附，在重力作用下脱落到超疏水表面，该过程中水滴大小约为 $8\mu L$。此时超疏水表面与水平线夹角小于 $3°$，高速摄影系统取帧频率为 500 帧/s，图中记录了水滴在 $46ms$ 内的滚动过程。

由图可见，任意时刻任意位置上，水滴在超疏水镁合金表面上的接触角均在 $150°$ 以上，且呈规则球形。此过程进一步证实了超疏水镁合金表面对水滴呈现低黏附特性，且其滚动接触角在 $3°$ 以内。

6.2.4 耐蚀性初步研究

镁基底、微弧氧化层和复合膜层三种试样在 3.5% 的 NaCl 溶液中测得的动电位极化曲线如图 6.11 所示。腐蚀电位（E_{corr}）、腐蚀电流密度（i_{corr}）、阳/阴极 Tafel 常数（β_a 和 β_c）通过回归电流密度与电位（E/i）曲线获得，并依据 Stern-Geary 公式[11]计算得到腐蚀阻抗 R_P：

$$R_P = \frac{\beta_a\beta_c}{2.303i_{corr}(\beta_a+\beta_c)} \tag{6.3}$$

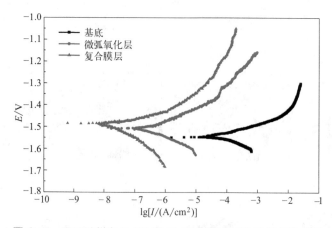

图 6.11 不同试样在 3.5% 的 NaCl 溶液中的动电位极化曲线

表 6.2 所示为三种试样在 3.5% NaCl 溶液中的动电位极化电化学参数。

表 6.2 三种试样在 3.5% 的 NaCl 溶液中的动电位极化参数

试样	E_{corr}/V	$i_{corr}/(A/cm^2)$	β_a/V	β_c/V	R_P/Ω
基底	-1.542	4.16×10^{-5}	0.048	0.172	3.91×10^2
微弧氧化层	-1.507	7.69×10^{-7}	0.059	0.147	2.37×10^4
复合膜层	-1.484	9.31×10^{-8}	0.062	0.139	1.99×10^5

由表可知，与镁合金基底的腐蚀电流密度 $i_{corr}=4.16\times10^{-5}A/cm^2$ 相比，微弧氧化处理后试样 i_{corr} 降低了 2 个数量级，达到 $7.69\times10^{-7}A/cm^2$，而试样经复合处理后 i_{corr} 降低了 3 个数量级，其值为 $9.31\times10^{-8}A/cm^2$；与镁合金基底相比，微弧氧化处理和复合处理后试样的腐蚀阻抗提高了 $2\sim3$ 个数量级。这表明镁合金基底在经微弧氧

特殊浸润性表面的
开发制备与性能研究

化后，试样表面的腐蚀倾向减小，耐蚀性得到了明显的提高，这与现有的研究相一致[12-13]；复合处理后的试样耐蚀性在微弧氧化层的基础上得到了进一步的提高，分析认为复合处理表面所具有的超疏水特性在一定程度上能够阻隔试样表面的离子和电子转移，减缓镁合金的腐蚀倾向，因此其耐蚀性得到提高。

6.3
本章小结

本章对镁合金进行微弧氧化和纳米二氧化硅颗粒涂覆处理，利用全氟硅烷进行表面修饰后，制备得到镁合金超疏水表面，并对该表面形貌、浸润性和耐蚀性进行了分析，得到如下结论：

① 镁合金试样经微弧氧化处理后得到具有微米级粗糙结构的表面，该表面是由高温烧结相 MgO、Mg 和 Mg_2SiO_4 三相组成，其对水静态接触角接近于 $0°$，呈现超亲水特性。

② 利用环氧树脂溶液和纳米二氧化硅分散液对微弧氧化层表面进行涂覆处理，形成二氧化硅纳米颗粒均匀分布的粗糙表面，再利用全氟硅烷改性后，得到具有超疏水性的复合膜层，其最大接触角可达 $161°$。

③ 微弧氧化层与纳米二氧化硅颗粒组成的微/纳二元粗糙结构与低表面能物质 FDTS 的共同作用使制备得到的复合表面具有超疏水特性；该表面对不同 pH 值的水溶液均表现出超疏水特性；接触角测量仪和高速摄影系统采集记录的光学图片证实制备得到的超疏水镁合金表面呈现小滚动角和低黏附性能。

④ 利用微弧氧化与纳米颗粒涂覆技术制备得到的复合膜层耐蚀性得到提高，同镁合金基底相比，在 3.5% NaCl 溶液中的动电位极化腐蚀电流密度降低了 3 个数量级，腐蚀阻抗提高了 3 个数量级，复合膜层明显提高了镁合金基底的耐蚀性。

参 考 文 献

[1] Ishizaki T，Saito N．Rapid formation of a superhydrophobic surface on a magnesium alloy coated with a ceriumoxide film by a simple immersion process at room temperature and its chemical stability [J]．Langmuir，2010，26（12）：9749-9755.

[2] Wang Y，Wang W，Zhong L，et al．Superhydrophobic surface on pure magnesium substrate by wet chemical method [J]．Appl. Surf. Sci.，2010，256（12）：3837-3840.

[3] Guo J，Wang L P，Wang S C，et al．Preparation and performance of a novel multifunctional plasma electrolytic oxidation composite coating formed on magnesium alloy [J]．J. Mater. Sci.，2009，44（8）：1998-2006.

[4] 康志新，赖晓明，王芬，等．Mg-Mn-Ce 镁合金表面超疏水复合膜层的制备及耐腐蚀性能 [J]．中国有色金属学报，2011，21（2）：283-289.

［5］ Georgakilas V，Bourlinos A B，Zboril R，et al. Synthesis，characterization and aspects of super-hydrophobic functionalized carbon nanotubes ［J］. Chem. Mater.，2008，20 (9)：2884-2889.

［6］ Bravo J，Zhai L，Wu Z，et al. Transparent superhydrophobic films based on silica nanoparticles ［J］. Langmuir，2007，23 (13)：7293-7298.

［7］ Xu D，Liu H，Yang L，et al. Fabrication of superhydrophobic surfaces with non-aligned alkyl-modified multi-wall carbon nanotubes ［J］. Carbon，2006，44 (15)：3226-3231.

［8］ Hou W，Wang Q. Wetting behavior of a SiO_2-polystyrene nanocomposite surface ［J］. J. Colloid Interface Sci.，2007，316 (1)：206-209.

［9］ 姜传海，陈世朴，徐祖耀. 薄膜材料 X 射线衍射物相分析与内应力测定 ［J］. 理化检验—物理分册，2002，38 (11)：478-481.

［10］ Tian F，Li B，Ji B，et al. Antioxidant and antimicrobial activities of consecutive extracts from Galla chinensis：The polarity affects the bioactivities ［J］. Food Chemistry，2009，113 (1)：173-179.

［11］ Gao L，McCarthy T J. A perfectly hydrophobic surface ($\theta_A/\theta_R = 180°/180°$) ［J］. J. Am. Chem. Soc.，2006，128 (28)：9052-9053.

［12］ Stern M，Geary A L. Electrochemical polarization No. 1：theoretical analysis of the shape of polarization curves ［J］. J. Electrochem. Soc.，1957，104：56-63.

［13］ Zhang R，Shan D，Han E，et al. Development of microarc oxidation process to improve corrosion resistance on AZ91HP magnesium alloy ［J］. Trans. Nonferrous Met. Soc. China，2006，16：s685-s688.

第7章

轻金属基特殊浸润性表面的制备与表征

浸润现象在自然界、日常生活和工程技术中广泛存在，很大程度上决定了材料制备的可实现性和材料使用性能[1]。早在 20 世纪 90 年代，波恩大学的植物学家威廉·巴特洛特在研究植物叶片表面时发现，往往只有表面光滑的叶子需要清洗，而表面看似粗糙的叶面通常都很干净。尤其是荷叶，荷叶表面非但没有灰尘，甚至连水都不沾。经研究发现，荷叶表面是具有微观结构的粗糙表面，能实现自我清洁功能[2]。自然界中有许多具有特殊浸润性的生物体表面，一直为新型界面材料的设计与制备提供灵感。研究者们通过模仿或利用生物体具有的结构和生化过程，设计、制造达到甚至超过生物优异性能的材料，陆续制备了一系列具有自清洁效应的疏水疏油表面，并在织物、建筑物表面和车窗玻璃等领域得到广泛应用[3]。如 Nosonovsky 等[4] 对蜘蛛丝的结构和性能进行研究，通过人工纤维对其结构进行复制，获得指向性收集水珠的能力；Zhang 等[5] 在钛表面利用原位热液合成的方法制得钛酸钙纳米片结构，并在其表面覆盖有机硅，通过调控反应条件实现了超亲水和超疏水的转换；Yuan 等[6] 采用两步模板复制的方法，用 2,2,4-三氟甲氧基-1,3-间二氧杂环戊烯和四氟乙烯的共聚物复制了荷叶和水稻叶的表面结构，同时获得了超疏水性能。

浸润性能直接影响材料表面流体的流动和相变等特性[7]。随着科技的不断发展，在生产应用方面对表面浸润性能的要求越来越高[8]。表面浸润性能是材料成分的构成、表面微观结构和外界条件变化共同作用的结果，工业生产实践表明，合理设计表面微观结构所带来的经济价值甚至优于新材料的发现[9]。

当前特殊浸润性表面的制备已趋于成熟，然其相关研究大多集中于对制备方法的研究，而关于基底表面微观结构对其性质的影响研究比较缺乏。基材的选择方面除了专业领域内的需要，如织物纤维表面、建筑外墙等，在实验室内更多会选用玻璃作为试验基底。常见的轻金属材料如铝、镁、钛及其合金，由于其力学性能优异而被广泛应用于机械制造、航空航天、汽车电子、通信医疗等领域。这些领域主要应用材料的力学性能，而对于材料的表面研究相对较少，尤其是具有微纳米结构的表面，同时也很少作为特殊浸润性表面的基材。

本章节以 TC4 钛合金、TA2 纯钛、6061 铝合金、AZ31B 镁合金四种常用的轻金属材料为基底，利用激光刻蚀工艺分别与沉积法、提拉法相结合，制备出一系列特殊浸润性表面。

7.1
表面形貌分析

本研究运用激光加工的方法对基底进行了刻蚀，需对其表面进行微观形貌的研究，主要用到的设备有扫描电子显微镜和三维超景深数码显微镜。利用扫描电子显微镜可以进行表面微观形貌的观察与表面成分的测定，在微观形貌的观察方面，电压模式采用

10kV 成像模式，此模式适用于硬质材料的观察，束流强度采用最大的束流强度 map，观察模式选取 SED 模式，放大倍数选择 500 倍和 2000 倍，以便观察整体形貌和微观结构。利用三维超景深数码显微镜可观测基底表面的立体结构，且能对其表面微观形貌进行更直观的表征。

7.1.1 以点阵为基础的形貌分析

对于点阵，其随间距的变化可以清晰地在电镜图中看到，以 TC4 钛合金为例，图 7.1 和图 7.2 分别为试样基底表面点阵结构随间距变化电镜图与对应的三维图和间距 0.1mm 和 0.3mm 时单点的局部放大图，放大倍数为 500 倍和 2000 倍。

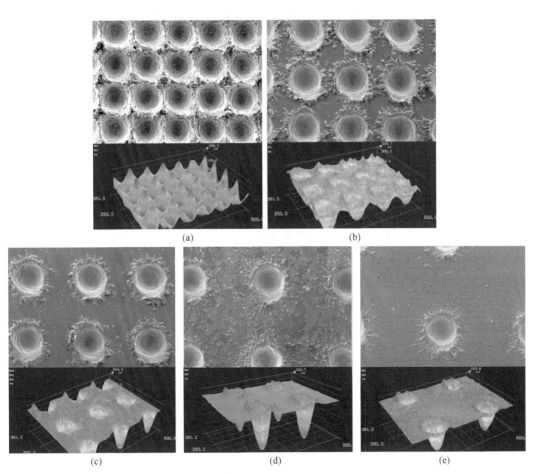

图 7.1 TC4 钛合金为基底、间距逐渐增大的
点阵电镜图与对应的三维图

宏观来看，对基底表面微纳结构的构建完全符合预期，尺寸间距也与预设相符。随着间距的增大，在同样大小的视野范围内，可观测到的点坑数量逐渐减少。在三维图中可以看出，在图 7.1（a）中由于设定点阵间距较小，点与点之间存在少量交集，在相交的位置形成凸起，尤其是四点相交的位置，凸起更高。加工的点坑对应凹陷位置，如

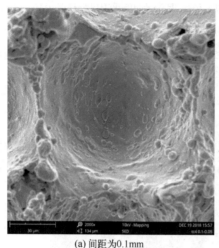
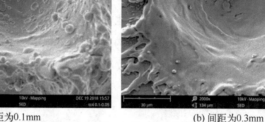

(a) 间距为0.1mm   (b) 间距为0.3mm

图 7.2 单点局部放大图

此凸起与凹陷的规律排布完全符合浸润模型中的基底形貌。随着点间距的增大，点与点之间的交集消失，所以在后几张图中看不到明显的凸起，只留下了点坑所在的凹陷位置，测得表面平均高度差可达 $244.6\mu m$。

微观来看，在图 7.2 中可以看到，单个点坑内部呈现出较为平滑的凹陷，边沿位置成放射状，覆盖了原基底表面。原基底表面在激光的冲击下，使得被加工位置的材料表面温度升高进而熔化，直接受到激光辐射冲击的位置留下了点坑。其中凹陷位置的材料部分被去除，边缘位置温度较低，材料并没有汽化，从而变成熔融态，并且在激光冲击下呈放射状。加工过后温度下降逐渐冷却，散射在点坑的周围，另有一些熔融物落于点坑四周，形成高于原基底表面的新结构。

当点阵间距较小时，点坑之间会相互影响。图 7.2 中可以看到，单点坑的尺寸由于受到周围点的挤压而有所缩小。其点坑内部不再光滑平坦，内壁附着了许多小的圆形凸起，而间距较大的点坑中则不存在，推测原因为：当加工后续各点以及上方相邻的点时，受到激光冲击而产生的飞溅物落入点坑中。激光加工的顺序为从左到右、由下至上，所以飞溅物只可能来自右侧和上侧。在点坑四周的边沿处凸起分布并不均匀，在上下左右四个方向凸起物较少，四角位置则有大量凸起物堆积，凸起物较少的位置为点坑之间交界的位置。推测原因为：在加工过程中由于间距过小，交界位置被重复加工，即使有飞溅物落入也会由于重复加工而再次熔化，所以在点坑交界位置留下的凸起物较少；其余位置没被重复加工，激起的飞溅物会在上面一直堆积，以至形成如此的形貌特征。

图 7.3 为点阵间距 0.1mm 和 0.15mm 的局部放大电镜图。由图可见，当点阵间距为 0.1mm 时，交叠位置最多，凸起位置最高；当间距增大到 0.15mm 时，点坑之间已经完全分开，不存在交叠的位置，只有飞溅出来的凸起物有少量重叠。伴随着间距的继续增大，飞溅物之间的交叠也越来越少，直到最后完全分离。堆叠后的飞溅物结合紧

密，尺寸随之增大，而散落在点坑外围的飞溅物尺寸相对较小，团状物大概在十几微米，点状物在 $5 \sim 6 \mu m$ 左右。

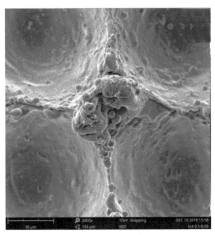 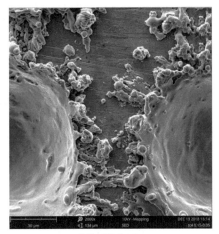

(a) 点阵间距为0.1mm　　　　　　　　(b) 点阵间距为0.15mm

图 7.3　点阵的局部放大电镜图

当点大小作为变量时，除了点直径为 0.06mm 时激光器无法加工之外，其余参数均可正常加工。在运用缩小圆直径的方法加工直径 0.06mm 的点坑过程中，激光器不能正常工作，具体表现为在加工过程中，激光器仅执行加工动作而无法发出激光，推测原因与激光器参数有关，所以此时的试样基底表面并没有微纳结构。其电镜图如图 7.4 所示。当设定直径为 0.06mm 时，基底表面完全没有加工过的痕迹，0.07mm 到 0.1mm 范围内符合预期的加工结果。随着点直径的增大，点阵整体变化趋势不明显，原因在于点直径的增长幅度过小，所以无法对基底表面微纳结构造成整体结构的改观，导致其三维结构也很相近。

对于单个点坑，四种材料则存在差异，图 7.5 为四种材料单个点坑的电镜图。由图可见，钛合金和纯钛点坑形貌较为接近，铝合金和镁合金形貌比较相似：前者点坑内壁较为平坦光滑，边沿位置凸起物较多，外沿呈扩散状铺在基底表面；后者点坑内侧较为粗糙，凸起物富有层次感，点坑边沿凸起物相对较少，外沿并没有呈扩散状，仅是普通地落在基底表面。在同样的加工参数下能产生如此的形貌差异，推测原因为材料本身的性质差异。钛合金和纯钛熔点较高，均在 1600℃ 以上，而铝合金和镁合金熔点仅在 600℃ 左右，这可能是造成形貌差距的主要原因。由于钛合金与纯钛的熔点大幅度高于其余两种材料，其汽化温度同样较高，所以在相同的加工参数下，铝合金和镁合金在被加工过程中被汽化所去除的部分相对较多，而内壁中温度所未能达到的汽化温度的部分由于受热而变成熔融状态，冷却之后形成图 7.5 中（c）、（d）所示的内壁形貌；钛合金和纯钛则由于汽化温度较高，激光器在该加工参数下未能去除较多材料，只是将材料熔化并去除了一部分，其余熔融物由于受到激光冲击，而飞溅到点坑四周，形成了图 7.5（a）、（b）中的形貌。

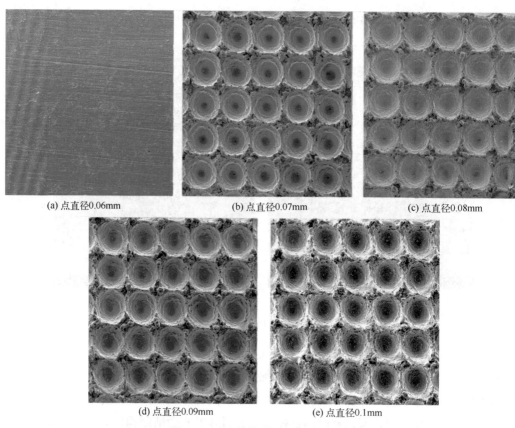

(a) 点直径0.06mm   (b) 点直径0.07mm   (c) 点直径0.08mm

(d) 点直径0.09mm   (e) 点直径0.1mm

图 7.4　直径逐渐增大的点阵电镜图

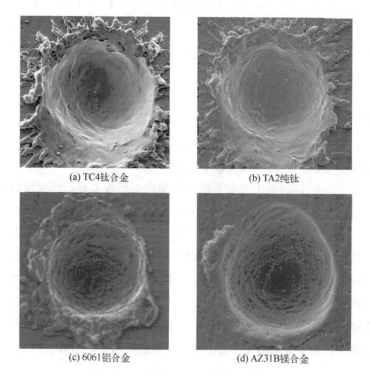

(a) TC4钛合金   (b) TA2纯钛

(c) 6061铝合金   (d) AZ31B镁合金

图 7.5　四种材料单个点坑的电镜图

特殊浸润性表面的
开发制备与性能研究

7.1.2 以切圆为基础的形貌分析

当以圆形图案为基底形貌时，以 TA2 纯钛为例，图 7.6 为以 TA2 为基底、圆直径逐渐增大的扫描电镜图与其对应的三维图。从电镜图中可以看到，当圆直径为 0.05mm 和 0.1mm 时，完全看不出圆形的基底形貌，尤其是直径 0.05mm 的时候，可以说是一种完全无法辨认的形貌，近乎完全的无规则排布；当圆直径增大到 0.15mm 及以上时，在基底上才能看出圆形的环状轮廓，且能比较直观地看到圆环逐渐增大的过程。在整个基底表面均布着尺寸几乎完全相同的点坑，点坑存在的位置是圆环之间的切点，在加工过程中，该位置又同时作为加工的起点与终点，所以此位置被重复加工三次以上，必然会形成深坑。在点坑的上下左右四个方向，形成了不同的凸起物，上下点坑之间为圆环中部未被加工到的区域，在直径较大的图中可以清楚地看到原基底表面；左右点坑之间的区域原为圆与圆之间的空隙，也是未被加工的区域，堆积的飞溅物也比较多。其余环状的位置就是加工圆形激光走过的路径，路径上存在加工单点留下的点边沿位置以及边沿外侧的飞溅物，由此可以判断激光加工的方向是逆时针加工。

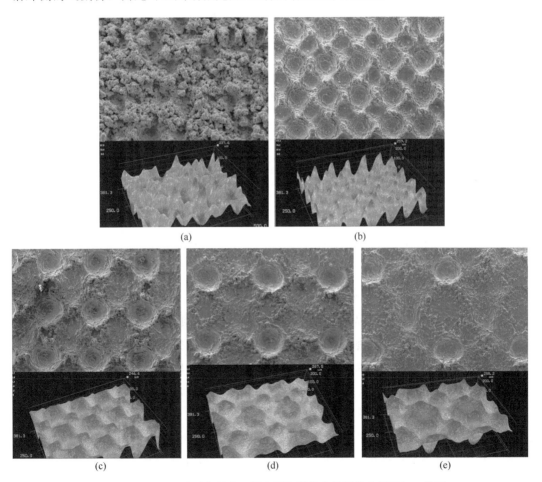

图 7.6　以 TA2 纯钛为基底、圆直径逐渐增大的扫描电镜图与三维图

当圆直径缩小到 0.1mm 时，由于圆环中部面积的缩小导致被飞溅物完全覆盖，以至于无法明显看出，并且容易与圆之间的空隙上所积累的凸起物相混淆，难以判断。另外通过点坑内壁形貌也可以判断，切点点坑中有较多加工单点留下的边沿，其它位置则相对光滑，飞溅物较少。在激光的加工参数中，单点直径为 0.05mm，所以当设定的圆直径为 0.05mm 时，对一个圆的加工便会出现重复加工的现象，再加上圆与圆之间是相切的关系，那么此时表面上便被多次重复加工，以至于形成如此毫无规则的形貌特征。表面凸起的尺寸在十几微米到几十微米不等，而凸起又是由更小的飞溅物堆叠而成，这些更细小的飞溅物毫无规则地附着在凸起上，其尺寸最小可以达到小于 $1\mu m$，如此形成微米-亚微米复合结构，与荷叶表面更为接近。图 7.7 为设定圆直径为 0.05mm 时的加工示意图，其中一个圆圈代表加工的一个单点，图 7.7（a）为加工的一个圆形，其中蓝色的圆圈为一个圆的加工起始点和终止点，其它的三色分别代表四个方向且为路径上的点，同时也是圆与圆之间的切点。图 7.7（b）为 4×3 的圆形阵列，由图可见，切点与切点之间完全叠加，所以当对其基底表面进行加工时，无论是单个圆形还是阵列都会出现大量的重复加工，这就使得加工前一位置尚未冷却完毕紧接着又有很大面积受到激光冲击，如此持续加工，使得飞溅物的数量大幅度增多并且会随机下落，将原基底表面完全覆盖。

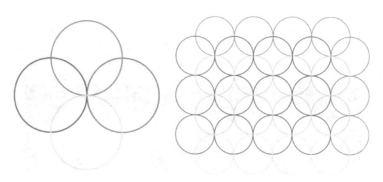

(a) 直径为0.05mm的一个圆形   (b) 4×3的圆形阵列

图 7.7   设定圆直径 0.05mm 时加工示意图

图 7.6 中可以看到各个参数下的其三维形貌，从图中可明显看出，当圆直径为 0.1mm 时，与模型中的粗糙结构最为接近，是比较规则的凹凸分布。当圆直径为 0.05mm 时，表面结构呈无规则排布，但仍由较多凸起与凹陷构成，与自然界中形成的表面粗糙结构较为贴合。当圆直径增大时，圆环中部未加工的位置也会随之增大，当圆直径增大到 0.3mm 时，在三维图中可以明显看到未加工区域。当圆直径小于 0.3mm 时，在图中可以看到圆环中部未加工的位置，但由于其边缘被大量堆积的飞溅物所包围，在三维图中也呈现出凸起的形貌。虽然与模型中的结构不完全相同，但依然存在明显的高度差。整体平均高度差达到了 $238.7\mu m$，与点阵相比有所降低，但还是比较可观的。

7.1.3　以直线为基础的形貌分析

对于线形和网格有两种不同的加工方法，分别对其进行研究。首先研究以线形为基底结构、利用正常方法（法1）加工后的表面形貌，以 AZ31B 镁合金为例，图 7.8 为以 AZ31B 镁合金为基底、线间距逐渐增大的扫描电镜图与其对应的三维图。从图中可明显看出加工出的线形沟壑与其线间距逐渐增大的过程，当线间距为 0.05mm 时，沟壑之间存在相互交叠，导致其表面高度差很小，尽管如此，在三维图中依然能够看到其表面的立体结构；当线间距增大时，随着沟壑的逐渐分离，基底表面未被加工的面积就会暴露更多，而且由于沟壑本身没有尺寸变化，所以线间距越大，基底表面的微纳结构就越偏离浸润模型。对于 AZ31B 镁合金，其沟壑边沿位置较为整齐，并没有过多的飞溅物，原因在于材料之间的差异，这方面在点坑已有对比与分析，不再赘述。

图 7.8　利用法 1、以 AZ31B 镁合金为基底、线间距
逐渐增大的扫描电镜图与三维图

通过法 2 加工的电镜图和三维图如图 7.9 所示。当线间距为 0.05mm 和 0.1mm 时，表面呈现出完全的不规则排布，在图中几乎看不出所加工的形貌特征，而当线间距

增长到 0.15mm 时可以发现，加工过的区域留下的形貌特征并非沟壑，而是直线形的凸起。凸起的平均高度差可达 $149.7\mu m$，法 1 加工出的线形高度差最高仅为 $114.7\mu m$。由于激光加工参数和线间距与法 1 没有区别，所以可以看到线状凸起随间距增大的变化。当线间距为 0.1mm 时，在电镜图上几乎看不出间距的存在，而在三维图中可以看到在凸起之间存在的间隙，间隙距离很窄且并非未加工的基底表面，在图 7.8（b）中则能清楚地看到沟壑之间未加工的表面，由此可见法 2 加工增加了单条线的线宽。当线间距为 0.05mm 时，凸起与凸起存在交叠，导致其表面形貌更加混乱，在三维图中也可以看到，其表面凹凸不平、毫无规律，与圆直径 0.05mm 时基底形貌类似，属于类荷叶表面的无规则排布。在间距达到 0.15mm 及以上时，才可以更清楚地看到间距变化以及单条直线的具体形貌。

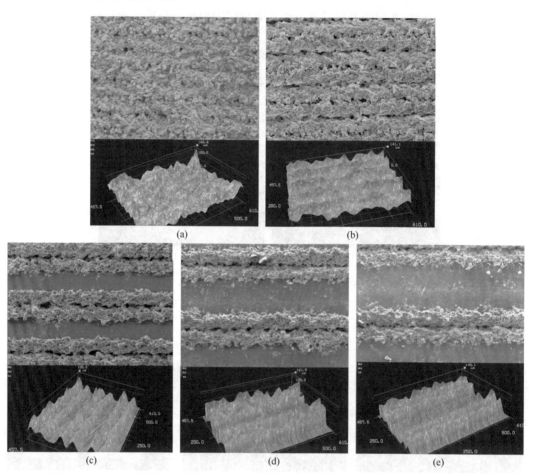

图 7.9 利用法 2、以 AZ31B 镁合金为基底、线间距逐渐增大的扫描电镜图和三维图

图 7.10 为当线间距为 0.2mm 时单条凸起的放大图（放大倍数为 2000 倍）和加工示意图。由图可见，在单条直线凸起中还存在一条缝隙，缝隙上部的凸起高度较高，这种现象在图 7.9 中的三维图中也可以明显看到。在加工示意图中可以看出，由于单点方法为缩小圆直径，加工路径与正常圆形加工路径相同，单点的上部同时作为起点与终

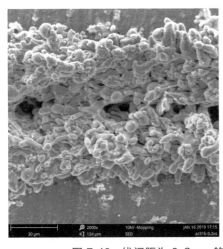

图 7.10　线间距为 0.2mm 的单条凸起放大图与加工示意图

点，所以该位置会被加工两次。又因为其尺寸非常小，加工速度相对较快，该位置第一次被加工成为熔融态尚未冷却又被第二次加工，两次加工的冲击会激发更多材料的飞溅。以此类推，每一点都按照此法加工，会大量激发基底表面材料产生大量飞溅，飞溅量多到以至于将原本应该有的沟壑形貌覆盖，成为球状凸起相互堆叠在加工区域，所以利用法 2 进行加工，观测到本应为沟壑的基底形貌变成了线状凸起。在加工过程中通过肉眼直接观察可以发现，利用法 2 加工比利用法 1 加工飞溅的火花要更高、更密集，加工时间也更长，加工后基底的温度有明显提高。

7.1.4　以网格为基础的形貌分析

网格的形貌特征与直线有类似之处也有不同之处，网格图形由横纵直线叠加而成，加工顺序为先加工横线，后加工纵线，以 6061 铝合金为例，用法 1 加工其表面所得形貌随间距变化的电镜图和其对应的三维图如图 7.11 所示。与直线基底类似，当网格间距为 0.05mm 时，单条直线之间在加工过程中会有交叠，所以在加工完横线之后，基底表面已被新结构所覆盖，在此基础上再加工纵线，相当于有两层结构铺在原基底表面，得到的新表面与直线基底相比起伏更加明显，落差更高。当网格间距为 0.1mm时，从三维图中可以看到此时最贴近浸润模型，其中横纵线交界的位置由于被加工两次，在三维图中表现为深坑，而未被加工的表面则相对形成凸起。随着网格间距的增大，未加工表面的凸起形状逐渐增大并且恢复到方形，与圆形基底情况相似。

利用法 2 加工网格基底，其表面形貌和三维图如图 7.12 所示。在电镜图中可以看到，由于加工方法的改变，在格间距为 0.05mm 和 0.1mm 时，表面形貌呈现出与同尺寸间距、法 2 加工的线形和设定直径为 0.05mm 的圆形相似的无规律排布，当格间距为 0.15mm 时才能分辨出所加工的形貌特征；而在三维图中，格间距为 0.15mm 时，其形貌依然混乱，直到间距为 0.2mm 时才能分辨。当格间距为 0.05mm 时，由于间距过短，存在大面积重复加工，又由于横线加工完成后会覆盖全部的基底表面，在加工纵

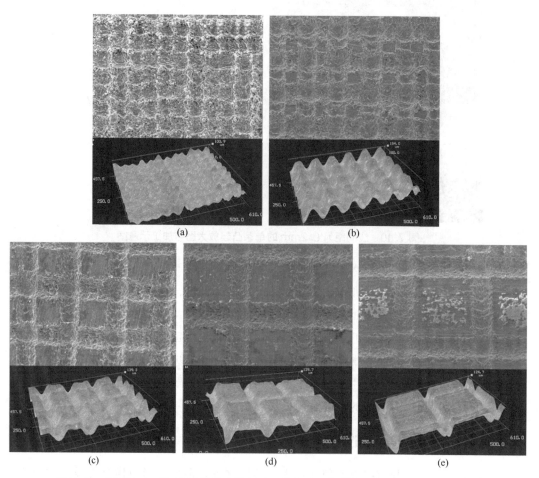

图 7.11　利用法 1、以 6061 铝合金为基底、格间距逐渐增大的扫描电镜图与三维图

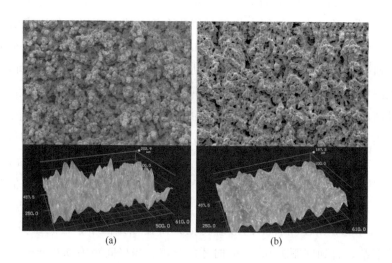

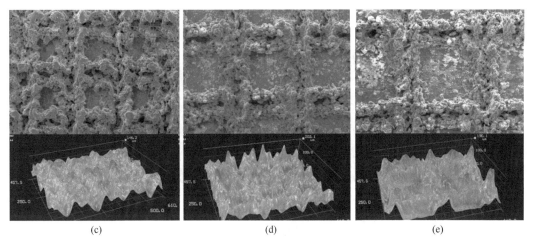

(c)   (d)   (e)

图 7.12　利用法 2、以 6061 铝合金为基底、格间距逐渐增大的扫描电镜图与三维图

线时会在横线基础上继续加工，由此导致其结构表面落差非常大，以至于达到 $200\mu m$ 以上。当间距增大到 $0.1mm$ 时，尽管在电镜图上看依旧混乱，在三维图中可以隐约看到纵向的线状凸起与沟壑，但由于加工纵线时基底并不平整，加工过程中会有所偏差，所以纵线的凸起与沟壑之间分界并不明显，不仔细观察很难发现其表面形貌。当间距增大到 $0.15mm$ 及以上时才能在电镜下和三维图中观察到网格，由于法 2 的特殊性，表面上应该为沟壑的位置被凸起所取代，原因在前面已有分析，不再赘述。整体来看，在网格中部未加工的位置属于凹陷位置，加工出的凸起位置中部留有间隙，导致其表面凹凸不平的情况更加显著，整体平均高度差达到了 $185.7\mu m$。

图 7.13 为网格间距 $0.2mm$ 时的局部放大图与加工示意图。其中横线段与直线没有任何区别，纵线段与横线段相比，中部没有缝隙，其凸起宏观来看是一条纵线，局部观察并不完全连续，而是部分凸起。尽管在加工示意图上看横纵线并没有区别，事实上由于加工过程存在起点和终点，导致其形成的凸起不如横线段规律，在纵线上的点坑与点坑交界的位置会被重复加工三次，整体加工下来会使飞溅物增多并且会随机落在表面的不同位置。在交点位置能观察到很多尺寸不一的飞溅物，尤其在横纵线相交的拐角处，堆叠的飞溅物较多，进一步拉高了表面高度差，这一点在图 7.12 的三维图中可以得到验证。

通过以线形和网格两种图形作为基底研究不同加工方法的差异，其形貌特征存在本质差异。尽管利用法 2 加工出的基底表面形貌极不规则，很难用语言描述其规律，但其形貌特征依旧是不同尺寸的凸起与凹陷相结合，本质依然符合 Wenzel 模型和 Cassie-Baxter 模型中的疏液表面结构特点。利用法 2 加工出的表面形貌与正常加工直径 $0.05mm$ 圆形的表面形貌都是极不规则、毫无规律排布的表面，这种微米-亚微米级结构的表面与规则排布的表面相比更贴近自然形成的表面结构（如荷叶表面），而这些不规则表面又是在设定参数下加工规则图形得到的，所以这两种加工方法可以为表面的不同加工方法、微纳结构的构筑以及仿生学提供一定的研究思路。

(a) 交点位置

(b) 横线段

(c) 纵线段

(d) 加工示意图

图 7.13　网格间距 0.2mm 时的局部放大图与加工示意图

7.1.5　提拉法制备的表面形貌分析

对于运用提拉法制备的基底表面，其形貌特征被胶水层和涂料层完全覆盖，在电镜观察下大部分区域都难以分辨。图 7.14 和图 7.15 分别为间距 0.1mm 的点阵和直径

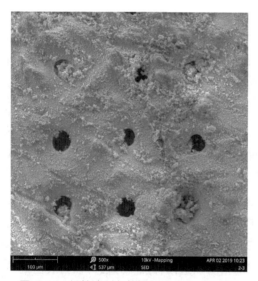

图 7.14　提拉法制备的间距 0.1mm 的点阵

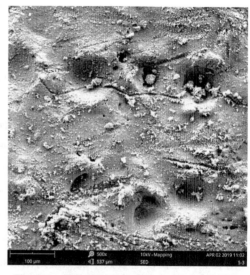

图 7.15　提拉法制备的直径 0.25mm 的圆形

0.25mm 的圆形，在图 7.14 中可以看到，点坑的直径和未涂覆时相比缩小了很多，且很多点坑中填满了纳米二氧化钛颗粒，以至于看不到点坑的存在；在图 7.15 中这种现象更为明显，只有圆的切点位置才能看到有凹陷存在，其余位置由于被覆盖以至于完全看不到原基底的形貌特征。整体看来，除了被覆盖的原基底形貌，更多的有纳米二氧化钛颗粒的分布，这些颗粒几乎散落在表面的各个位置，大小不一。选用的纳米二氧化钛颗粒尺寸大约为 5～10nm，但在图中可以看到部分颗粒的尺寸还是比较大，甚至达到 $20\mu m$ 左右，推测原因为在进行涂料配置时搅拌时间不足，以至于纳米二氧化钛颗粒没有均匀分散在溶液中，进而在基底表面可以观察到聚集在一起的二氧化钛颗粒。

7.2
表面成分分析

7.2.1　分子膜沉积法制备的表面成分分析

对于分子膜沉积法，测定表面元素的目的主要是检测自组装分子膜是否成功附在基底表面，分子膜由全氟癸基三氯硅烷和 2,2,4-三甲基戊烷发生一系列反应制备而成，主要由碳、氢、氟、硅四种元素构成，这几种元素并不存在于原试样基底中，所以如果能在制备好的试样基底表面测得上述几种元素，则可证明自组装分子膜成功附着于基底表面。

对以 TC4 钛合金、TA2 纯钛、6061 铝合金和 AZ31B 镁合金这四种材料为基底制备的特殊浸润性表面进行成分测定数据分别见表 7.1～表 7.4。拟合曲线如图 7.16 所示。

表 7.1　TC4 为基底、分子膜沉积法制备的表面成分测定表

材料	元素	含量/%	误差/%
TC4	Ti	36.9	0.0
	O	44.7	0.5
	Al	4.3	0.0
	F	12.3	0.2
	C	1.2	2.1
	Si	0.5	0.1

表 7.2　TA2 为基底、分子膜沉积法制备的表面成分测定表

材料	元素	含量/%	误差/%
TA2	Ti	22.7	0.0
	O	53.7	0.4
	F	16.4	0.2
	C	1.5	2.3
	Si	0.7	0.1

表 7.3　6061 为基底、分子膜沉积法制备的表面成分测定表

表 7.3　6061 为基底、分子膜沉积法制备的表面成分测定表

材料	元素	含量/%	误差/%
6061	Al	63.7	0.0
	O	22.6	0.3
	F	9.5	0.1
	Mg	1.7	0.2
	C	1.6	1.2
	Si	1.0	0.1

表 7.4　AZ31B 为基底、分子膜沉积法制备的表面成分测定表

材料	元素	含量/%	误差/%
AZ31B	Mg	38.9	0.0
	O	41.4	0.4
	F	16.9	0.1
	C	2.0	1.2
	Si	0.8	0.2

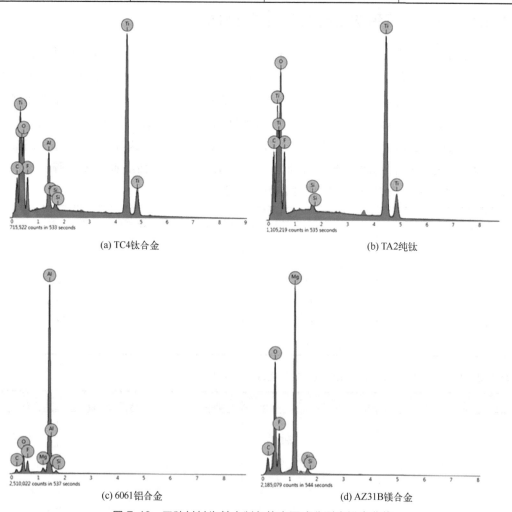

(a) TC4钛合金　　　　　　　　　　　　　　　(b) TA2纯钛

(c) 6061铝合金　　　　　　　　　　　　　　　(d) AZ31B镁合金

图 7.16　四种材料为基底制备的表面成分测定拟合曲线

从表 7.1 中可以看到，对每种材料基底进行检测都能测出碳、氟、硅这三种特征元素，且这三种元素所占比例相对接近而且稳定，所以在试样基底表面沉积自组装分子膜是成功的。除了这三种分子膜中的元素和基底本身有的元素，还多了氧元素，推测为激光加工所致。激光加工功率密度大、能量高，材料吸收激光后温度迅速升高而氧化，尤其是被微纳结构完全覆盖的表面，氧元素含量更高。

7.2.2　提拉法制备的表面成分析

对于提拉法，尽管从直观来看可以看到涂料粘在基底表面，但依然有必要对表面成分进行检测，以确保万无一失。提拉法所用到的材料成分主要包括钛、氧、碳、氟、硅这几种元素，虽然基底材料为 TC4，其中含有大量钛元素，但在制备过程中采用涂胶的方式使涂料与基底结合，元素分析深度在几微米，难以穿透胶层，所以钛元素可以作为检测的标志元素。

对以 TC4 钛合金为基底、提拉法制备的特殊浸润性表面进行成分测定数据见表 7.5。拟合曲线如图 7.17 所示。

表 7.5　TC4 为基底、提拉法制备的表面成分测定表

材料	元素	含量/%	误差/%
TC4	O	42.4	0.1
	Ti	32.5	0.1
	Au	21.6	0.1
	C	0.9	0.5
	Si	0.5	1.3
	F	1.9	0.6

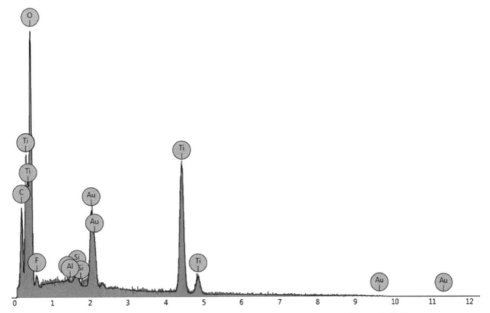

图 7.17　提拉法制备、TC4 为基底制备的表面成分测定拟合曲线

由表 7.2 中的数据和图 7.17 的能谱图中可以看到，氧元素和钛元素占了比较高的含量，说明二氧化钛颗粒成功黏附在基底表面，其余涂料中的标志元素如碳、硅、氟也均被检测到，说明涂料成功与基底结合。同时在基底表面检测出较高含量的金元素，原因在于在使用扫描电镜观察之前，对于非金属的胶层，直接观察效果很差，所以需要对基底表面进行喷金处理。

7.3
分子膜沉积法制备的表面浸润性分析

7.3.1 以点阵为基础的浸润特性分析

首先对分子膜沉积法制备出的表面进行研究。在点间距方面，以 TC4 钛合金、TA2 纯钛、6061 铝合金和 AZ31B 镁合金这四种材料为基底测得对水和甘油的平均接触角与点间距的关系曲线如图 7.18 和图 7.19 所示。

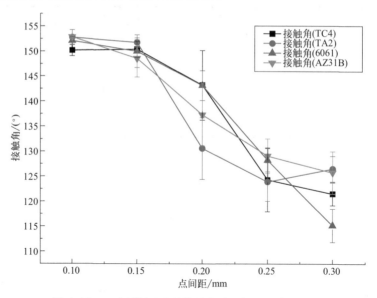

图 7.18   四种材料对水的接触角随点间距的变化曲线

由图 7.18 和图 7.19 可见，以四种轻金属材料作为基底、以点阵作为表面基本形貌制备出的表面均实现了对两种待测液体的疏液性。待测液体为水时，在点间距为 0.1mm 和 0.15mm 的 TC4 钛合金、TA2 纯钛、6061 铝合金表面和点间距为 0.1mm 的 AZ31B 镁合金表面上，测得的静态接触角大小均超过 150°，达到超疏水表面的标准。尽管 0.15mm 的镁合金表面上测得的接触角并没有超过 150°，但数值仍比较接近，疏水效果较为良好。

在图 7.19 中，待测液体为甘油时，测得的静态接触角大小要比对于水的静态接触

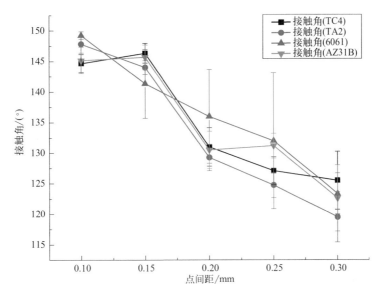

图 7.19　四种材料对甘油的接触角随点间距的变化曲线

角平均低 3°，其原因在于甘油的表面能小于水，同样的基底表面疏油性会稍逊于疏水性。虽然在四种材料基底上均未能达到超疏油表面，但在点阵间距为 0.1mm 和 0.15mm 时疏油效果依然良好。

另外通过两张曲线图可明显看出，对于选取的四种材料，点阵间距的变化对于基底表面的疏液性有很大影响。在所取的间距区间内，接触角大小随着点阵间距的增大而逐渐减小，即表面的疏液性随点阵间距的增大而逐渐减弱。图 7.20 为点阵间距逐渐增大的以 TA2 纯钛为基底的表面对于甘油的接触角测量图，按照图中的趋势来看，如果继续增大点阵间距，测得的静态接触角大小可能会继续减小，基底表面的疏液性可能会更差。

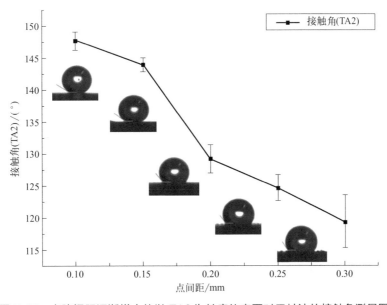

图 7.20　点阵间距逐渐增大的以 TA2 为基底的表面对于甘油的接触角测量图

四种材料对于水的接触角随点阵间距的变化趋势大致相同，在0.1mm到0.15mm的范围内变化相对平缓，在0.15mm到0.2mm的范围内镁合金和纯钛下降较快，钛合金和铝合金依旧相对平缓；在0.2mm到0.25mm范围内则是镁合金和纯钛下降平缓，钛合金和铝合金下降较快；在0.25mm到0.3mm的范围内镁合金、纯钛、钛合金均趋于平缓，只有铝合金下降更快一点。整体观察，在当前区间内，以镁合金、纯钛、钛合金为基底的表面对于水的接触角大小变化趋势均为先急后缓，只有以铝合金为基底的表面随点阵间距的增大，静态接触角大小下降速率越来越快。对于甘油，以铝合金和纯钛为基底的表面测得的接触角大小都随着点阵间距的增大而下降速度越来越快；以钛合金为基底的表面则不受待测液体的影响，保持了对水的接触角随点阵间距变化类似的变化趋势；以镁合金为基底的表面稍有一些波动变化，但整体趋势没有很大差别。

从微观结构的角度，在图7.1的三维图中可以看出，随着点阵间距的增大，原基底表面的面积越来越大，当液滴滴落在基底表面时，其与基底表面上没有微纳结构覆盖的位置接触的面积也随之增大，即液滴未能与具有微纳结构的表面相接触。所以伴随着微纳结构的逐渐失效，基底表面的疏液性也随之下降。由图可见当点阵间距为0.1mm时，三维形貌与Wenzel模型和Cassie-Baxter模型中的基底结构最为接近，试验证明其疏液性是最好的。

在点直径方面，以四种材料为基底测得对水和甘油的平均接触角与点间距的关系曲线如图7.21和图7.22所示。

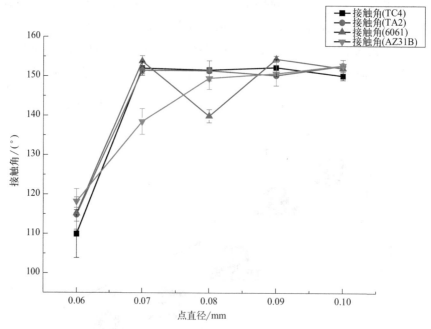

图7.21　四种材料对水的接触角随点直径的变化曲线

由图7.21、图7.22可见，当点直径为0.06mm时，四种材料的疏液性并不好，仅达到疏液的标准。此时按照疏液性从优到劣来排序，四种材料依次为：AZ31B镁合金、

特殊浸润性表面的
开发制备与性能研究

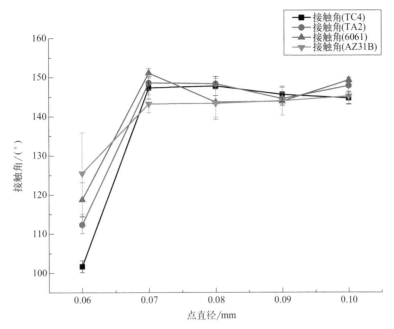

图 7.22   四种材料对甘油的接触角随点直径的变化曲线

6061 铝合金、TA2 纯钛、TC4 钛合金。由此可见以 TC4 钛合金为基底的表面与其它三种材料为基底的表面相比，其疏液性受基底微纳结构影响更大一些，而 AZ31B 镁合金则受微纳结构影响相对较小。

除了点直径为 0.06mm 的点阵，其余直径大小的点阵对于基底表面疏油性的影响不是很大。由图可知当点直径为 0.06mm 时，由于各个材料之间的差异对接触角的影响，接触角大小会有较为明显的差异。在构筑微纳结构之后，点直径对于接触角的大小影响微弱，对于同一种材料，变化幅度不超过 8°，几乎趋于水平。推测原因为点直径变化幅度微弱，0.01mm 的增量变化不足以影响整体基底表面对液体的接触角大小，这一点在图 7.21 中可以明显看出。参数下基底微观形貌无明显变化，其三维形貌趋于一致，这是其表面疏液性不受点直径变化所影响的根本原因。在图 7.23 中，以钛合金和纯钛为基底的表面也有其对于甘油的接触角相同的规律，镁合金和铝合金会稍有不同。镁合金在点直径为 0.07mm 时，其接触角增长速度明显低于其它三种材料，整体增长趋势相对平缓；铝合金在点直径为 0.08mm 时，则有突然的下降。查看原始数据表可推测原因为部分试样基底表面在制备过程中，FDTS 在溶剂 2,2,4-三甲基戊烷中水解反应不够彻底，以至于试样基底表面未能被单分子膜覆盖，导致其表面部分区域疏水性不够好。

7.3.2   以切圆为基础的浸润特性分析

当圆直径作为变量时，以四种材料为基底测得对水和甘油的平均接触角与点间距的关系曲线如图 7.24 和图 7.25 所示。

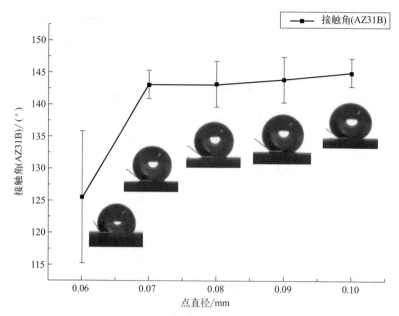

图 7.23　点直径逐渐增大的以 AZ31B 镁合金为基底的表面对于甘油的接触角测量图

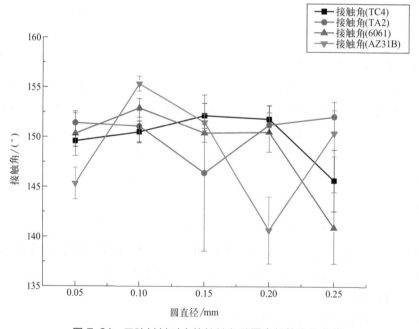

图 7.24　四种材料对水的接触角随圆直径的变化曲线

　　由图 7.24 可见，待测液体为水时，在区间范围内四种材料对于水的接触角随圆直径变化幅度不显著，即在当前取值范围内，圆直径这个变量对这四种材料的疏液性影响较小。从静态接触角的数据来看，尽管接触角变化幅度不算很大，疏水效果还是比较良好的，其中 70% 的基底表面对于水的接触角超过 150°，达到了超疏水表面，其余也均在 140° 以上。

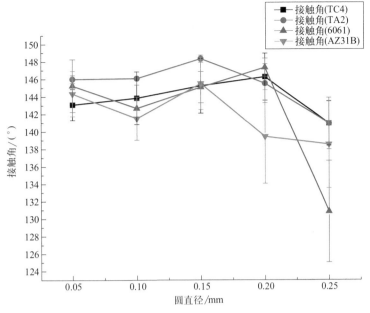

图 7.25　四种材料对甘油的接触角随圆直径的变化曲线

甘油作为待测液体时，由图 7.25 可见，曲线的变化趋势与水相似，在区间范围内的四种材料对于甘油的接触角随圆直径变化幅度并不明显。从数据上来看，测得的平均静态接触角大小比对于水的静态接触角小 6.2°，其中 85％ 的基底表面对甘油的接触角超过 140°。

所以对于水和甘油两种液体，在所取的区间范围内，圆直径对四种材料的疏液性影响较小。对两种液体的疏液性较为良好，对于水大部分达到了超疏水的标准，对于甘油将近达到了超疏油的程度。如图 7.26 为圆直径逐渐增大的以 TC4 合金为基底的表面对于水的接触角测量图。

在当前取值区间内，四种材料关于圆直径的变化趋势整体趋于平缓，而材料之间依然存在细微的差别：以 TA2 纯钛和 AZ31B 镁合金为基底测得的静态接触角大小都是在直径 0.05mm 到直径 0.25mm 区间内上下波动，而 TC4 钛合金与 6061 铝合金在 0.2mm 到 0.25mm 区间内有明显的下降趋势，按此推测如果继续增大圆直径，静态接触角的值可能会继续下降，如图 7.26 所示。当圆直径继续增大时，圆环中部的未被加工的区域会被更多地显现出来，由于点大小不变，所以圆环的宽度不变，其面积增长速度小于未加工区域的增速，此时基底表面的微纳结构面积就会相对缩小。由此推测无论哪种材料，若圆直径继续增大，其疏液效果都会下降，对于圆形形貌来说，钛合金和镁合金受影响相对更大。

从微观形貌的角度，尽管在图 7.6 中可以明显看出当设定直径为 0.05mm 时表面形貌较为混乱，属于无规则排布，但测得表面对液滴的静态接触角的值却很可观，主要原因在于其表面依然由大量的凸起和凹陷构成。在取值范围内，随着圆直径的增大，表面的微观结构尽管有差异，但整体效果接近浸润模型，均由大量凸起和凹陷构成，所以相对应的浸润特性也比较接近。当增大到 0.3mm 时，由于表面结构变化，凸起和凹陷开始变得不明

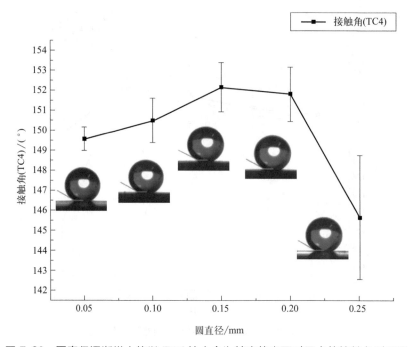

图 7.26　圆直径逐渐增大的以 TC4 钛合金为基底的表面对于水的接触角测量图

显时，静态接触角开始有下降趋势，其表面结构的变化是下降的根本原因。

7.3.3　以直线为基础的浸润特性分析

　　对于直线和网格两种图形，由于对基底采取了不同的加工方法，所以将用激光器直接加工出的方法命名为"法 1"，将改变单点加工方法连成线的方法命名为"法 2"，如以线间距作为变量，按照不同的制备方法与待测液体的不同，将曲线分为四类，图 7.27 为以四种材料为基底测得对水和甘油的平均接触角与线间距的关系曲线。

　　通过图中大量数据点进行计算可知，当待测液体为水时，利用法 2 加工的基底表面要比利用法 1 加工的基底表面测得的静态接触角平均高出 7.1°；当待测液体为甘油时，静态接触角平均高出 1.3°。从曲线图可以明显地看出，利用法 2 加工而最后测得的曲线在数值上整体高于法 1，所以当基底的表面形貌为线形、待测液体为水时，用法 2 作为构建试样基底表面的微纳结构其疏水效果要优于法 1；当待测液体为甘油时，从结果上来看两种加工方法差距相对较小，但法 2 依然优于法 1。

　　利用法 1 对表面进行微纳结构的加工，测得对于水的接触角大小会随着线间距的变化而有所波动，在 0.05mm 到 0.15mm 区间内以四种材料为基底的表面测得的接触角均随线间距的增大呈下降趋势，当线间距为 0.15mm 时，达到低谷。而在 0.15mm 到 0.25mm 区间内，以 TA2 纯钛和 AZ31B 镁合金为基底的表面测得的对水的接触角呈现出先升高后下降的趋势，TC4 钛合金和 6061 铝合金作为基底时则是先下降后升高。同样的表面对于油的静态接触角则没有很大的波动，除了以镁合金为基底的表面测得的静态接触角大小随着线间距增大而下降之外，当其余三种材料为基底时波动幅度较小，最

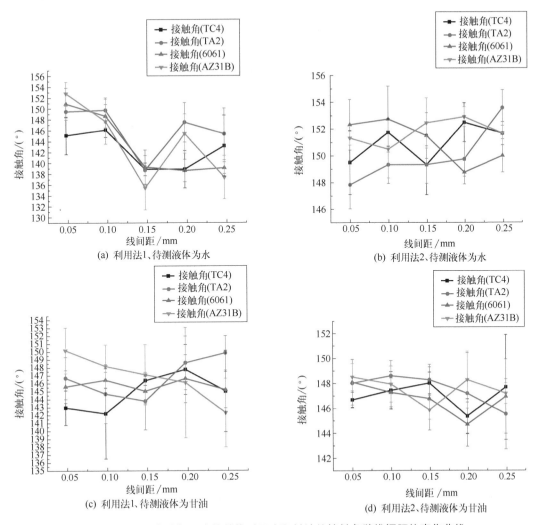

图 7.27 不同方法加工直线结构对于水和甘油的接触角随线间距的变化曲线

高不超过 4°。尽管在当前所取的间距区间内，其接触角大小并没有明显下降，从其表面结构角度进行推测，若线间距继续增大，则很有可能会降低表面的疏液性能。

相对于法 1，法 2 加工出的基底表面无论是其对水的接触角还是对油的接触角都非常稳定，基本不随线间距的变化而变化，几乎摆脱了线间距对基底表面疏液性的影响，对水和甘油两种待测液体的接触角波动幅度最大均不超过 4°，图 7.28 为用法 2 加工线间距逐渐增大的以 6061 铝合金为基底的表面对于水的接触角测量图。在图 7.9 中可以看到，当线间距为 0.05mm 和 0.1mm 时，其形貌特征与接触角模型接近，所以其表面的疏液性能较为优异。而由于被加工位置由沟壑变为凸起，当线间距增大时，虽然原基底面积会逐渐增大，但并不会与液滴接触，当液滴浸润表面时会被线形凸起撑住，不会与原基底表面相接触。这是与法 1 加工出的表面在浸润过程中最大的区别，也是其表面疏液性更优秀、更稳定的原因。由此可见，即使激光加工同样的图形，由于加工方法的差异，其表面的疏液程度、稳定性都是不同的。

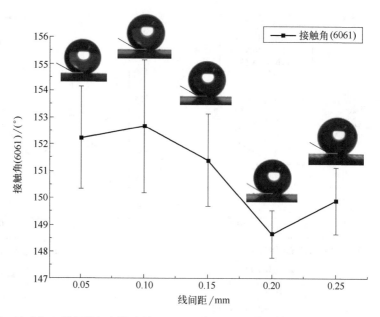

图 7.28　法 2 加工线间距逐渐增大的以 6061 铝合金为基底的表面对于水的接触角测量图

7.3.4　以网格为基础的浸润特性分析

网格图形与直线相似，对于网格图形同样按照不同的制备方法与待测液体的不同，将曲线分为四类，图 7.29 为以四种材料为基底测得对水和甘油的平均接触角与线间距的关系曲线。

由曲线图可以看出，对于网格图形，无论是测得的接触角大小还是随间距的变化趋势都与直线较为相似。待测液体为水时，利用法 2 加工微纳结构的基底表面要比法 1 加工的表面测得的接触角平均高 4.9°；待测液体为甘油时，接触角平均高出 1.9°。由此可见当基底微纳结构为网格时，利用法 2 进行加工效果依然较好，利用法 2 在基底加工的网格结构而制备的表面整体疏液效果优于法 1。

在变化趋势方面与直线基底类似，利用法 1 对表面进行网格形状的结构加工，测得对于两种待测液体的接触角大小都会随着格间距的变化而产生波动。网格与直线相比，在同一块区域的同间距下，线条数量是直线的两倍，而且存在交错，其表面形貌要比直线更复杂，这可能是导致其波动更为显著的主要原因。由曲线图可见，对于水的接触角大小随间距变化的波动与直线结构作为基底时类似，对于油的接触角，整体波动趋势也与水基本相同，只是平均接触角大小低了 2.2°。

与法 1 相比，法 2 加工出的基底表面对两种待测液体的接触角都非常稳定，基本不随间距的变化而变化。与直线基底类似，摆脱了格间距对基底表面疏液性的影响，其对水的接触角变化幅度不超过 5°，对甘油的接触角变化幅度同样不超过 9°。在图 7.12 可以看出，随着间距的增大，尽管未加工区域在增大，但由于有纵线的存在，多一次的加工使得表面高度增加了 $30\mu m$ 左右。由此可以推测，和直线相比，当间距继续增大到某

特殊浸润性表面的
开发制备与性能研究

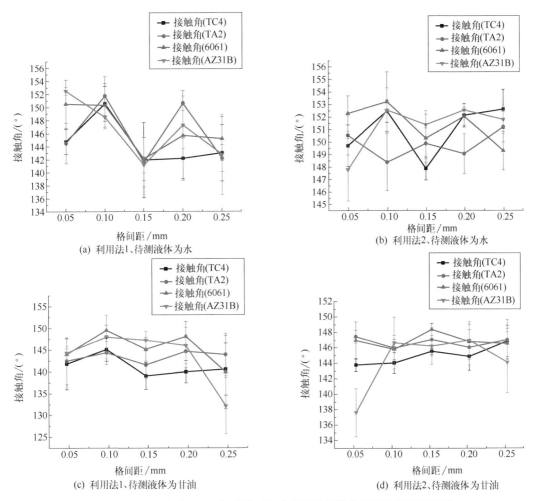

图 7.29 不同方法加工网格结构对与水和甘油的接触角随线间距变化图

一值时，线形表面疏液性可能会降低而网格表面疏液性依然能够保持稳定。

通过直线和网格作为基底微纳结构、利用不同的方法对基底表面加工对比发现：相对于正常加工，利用特殊的单点加工手段可以大幅度削弱基底结构变化对表面疏液性带来的波动影响，使表面得以保持良好的疏液性；另外从测得的接触角数据来看，法 2 测得的静态接触角整体相对较高，疏液性能更优异，由此可见这种加工方法具有一定的推广基础。

7.4
提拉法制备的表面浸润性分析

7.4.1 以点阵为基础的浸润特性分析

对于提拉法制备的表面，基底材料为 TC4 钛合金，基底图形选择为点阵、圆形、直线、网格这四类，具体参数与分子膜沉积法参数相同，其中直线和网格运用法 1 进行加工。

对于点阵图形，测得其对于水和甘油的接触角曲线如图 7.30 和图 7.31 所示。依照分子膜沉积法得到的结论，基底表面对于水和甘油两种液体的静态接触角应该随点间距的增大而逐渐减小，在图 7.31 中可以看到利用提拉法测得对于甘油的静态接触角曲线符合该规律，在图 7.30 中则有很大差异，静态接触角大小因点间距的增大而上下波动。推测原因为在制备过程中，涂料未能与基底表面均匀贴合，导致涂料在基底表面分布不均，导致测得的接触角大小出现异常的波动。从数据上看，尽管存在波动，表面对于水的静态接触角大小依然保持在 150°左右，达到超疏水表面的标准；对于甘油的静态接触角最高可达 148°，疏油性良好。

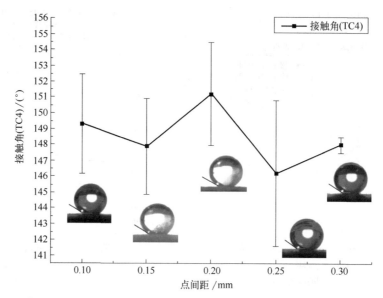

图 7.30　提拉法制备的基底表面对水的接触角随点间距的变化曲线

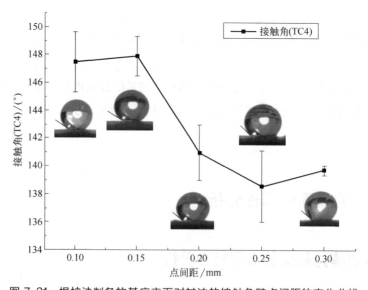

图 7.31　提拉法制备的基底表面对甘油的接触角随点间距的变化曲线

特殊浸润性表面的
开发制备与性能研究

7.4.2 以切圆为基础的浸润特性分析

对于圆形，测得基底对水和甘油的平均接触角与圆直径的关系曲线如图 7.32 和图 7.33 所示。由图可见，该基底表面测得对水和甘油的静态接触角大小关于圆直径的变化曲线整体趋势相似，在圆直径为 0.05～0.2mm 的范围内，接触角大小随圆直径的增

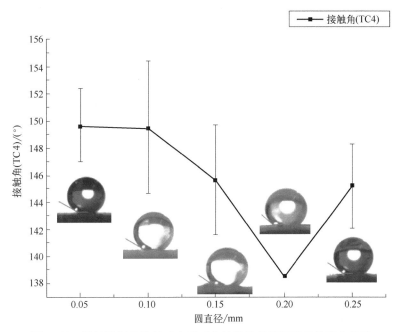

图 7.32　提拉法制备的基底表面对水的接触角随圆直径的变化曲线

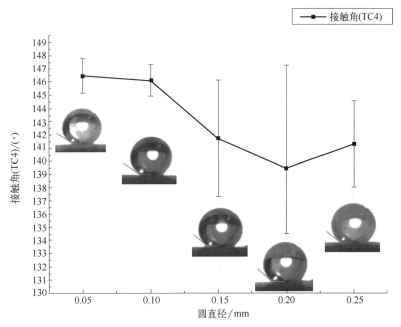

图 7.33　提拉法制备的基底表面对甘油的接触角随圆直径的变化曲线

大而减小，到直径为 0.2mm 时为最低点，在 0.2～0.25mm 范围内有反弹的趋势。推测原因为，随着圆直径逐渐增大，在圆环内圈暴露的未加工区域逐渐增大，涂料在未加工区域的附着量增大，接触角随之增大。即在直径 0.05～0.2mm 区间内，基底表面形貌结构为影响静态接触角大小的主导因素，而到了 0.2mm 之后主导因素变为疏液涂料。从数据上来看，对于甘油的平均静态接触角与对于水的平均静态接触角低了 2.7°，与分子膜沉积法相比，提拉法制备的表面对水的接触角要明显更小，对油的接触角比较接近。由此可见对于表面能较低的液体，两种方法差异较大，从制备方法的角度考虑，推测原因在于提拉法通过涂抹胶水的物理方法使得基底与涂料相结合，其厚度远大于利用分子间作用力相结合的单层分子膜，这就大幅度削弱了基底表面微纳结构对疏水性的影响。对于表面能较高的甘油，这些基底的变化相对微弱，对疏油性影响较小。

7.4.3 以直线为基础的浸润特性分析

对于直线，测得基底对水和甘油的平均接触角与线间距的关系曲线如图 7.34 和图 7.35 所示。由图可见，对于线形基底其变化趋势与圆形基底有相似之处，在选取参数的变化区间内均存在低点，在对于水的接触角中，线间距为 0.15mm 时，测得的静态接触角最小，对于甘油则与圆形类似，间距为 0.2mm 时静态接触角最小。由于加工方法为法 1，所以随着线间距的增大，原基底暴露的面积也在逐渐增大，受到涂料影响的效果也更加显著，尤其在图 7.34 中，当线间距达到 0.25mm 时，对于水的静态接触角大小超过了 150°，达到了超疏水的效果。与圆形基底类似，对于甘油则影响较小。从数据来看，提拉法制备的表面比分子膜沉积法制备的表面测得对水的静态接触角平均高出 2.6°，对油则平均低了 1°，两种方法的疏液效果还是较为接近的。

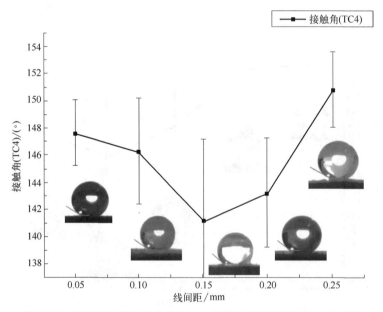

图 7.34 提拉法制备的基底表面对水的接触角随线间距的变化曲线

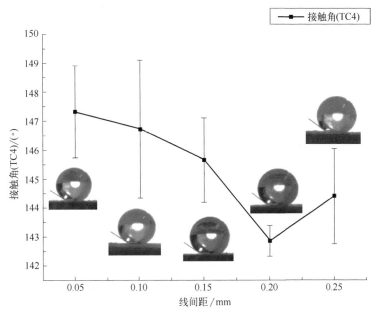

图 7.35　提拉法制备的基底表面对甘油的接触角随线间距的变化曲线

7.4.4　以网格为基础的浸润特性分析

对于网格，测得基底对水和甘油的平均接触角与网格间距的关系曲线如图 7.36 和图 7.37 所示。在图 7.36 中可以看到，曲线与分子膜沉积法制备的表面类似，整体波动比较明显，所以运用提拉法制备覆盖了部分基底的形貌特征，疏液性也会受到影响。从

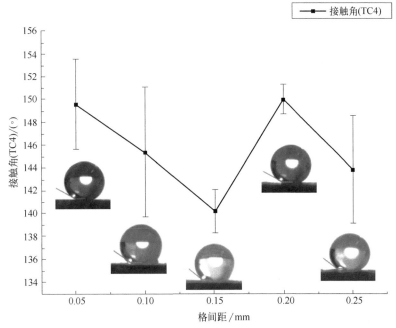

图 7.36　提拉法制备的基底表面对水的接触角随格间距的变化曲线

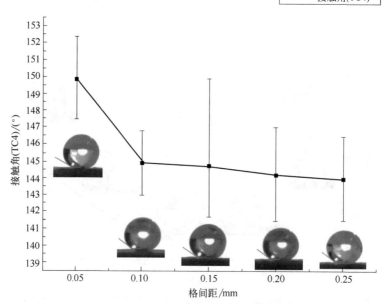

图 7.37　提拉法制备的基底表面对甘油的接触角随格间距的变化曲线

数据上来看，无论是测得对于水的静态接触角还是对于甘油的静态接触角，平均大小和分子膜沉积法制备测得的大小相等，由此可见对于网格图形为基底的表面，两种制备方法制备的表面疏液性并无很大差异。对于图 7.37，在格间距在 0.05～0.1mm 区间内，基底表面对于甘油的静态接触角下降迅速，在 0.1～0.25mm 区间内则几乎无变化。从图中可以看到，静态接触角的方差较大，所以尽管图中不同的间距下测得接触角均值较为接近，事实上结合原始数据来看，在同一表面测得的接触角大小相差很多。由此可以推断，在选择同一表面上的不同位置时，同时选到了疏液效果较好与疏液效果较为一般的位置，进一步可以推断在用提拉法制备疏液表面的过程中，涂料并没有均匀地黏在基底表面。

7.5
表面自清洁性研究

自清洁表面所拥有的自清洁性能是指当表面被灰尘、杂质等污染时，可以通过重力、风力、雨水或太阳能等自然外力的作用使污染物自行脱落，无需再借助人力进行清洗。自清洁表面在管道运输、建筑建材、纺织品等领域具有广阔的应用前景，而自清洁性也成为疏液表面的一个重要的应用特性。

本课题在完成对基底表面浸润性的影响之后，对于不同材料和不同的基底形貌选取了疏液性较好的参数表面进行了表面自清洁性的研究。对于 TC4 钛合金选用了利用法

2 加工、间距为 0.1mm 的网格图形；对于 TA2 纯钛选用了直径为 0.2mm 的圆形；对于 AZ31B 镁合金选用了间距为 0.2mm 的线形；对于 6061 铝合金选用了点尺寸 0.1mm、间距 0.15mm 的点阵和点尺寸 0.09mm、间距 0.1mm 的点阵两种。模拟污染物选择为树脂颗粒粉末。

首先将污染物粉末均匀撒在各个表面，接着用注射器在表面上逐渐滴加水滴，将基底稍微倾斜，水滴就会直接滚落，一点点带走基底表面的污染物，以铝合金为基底、点尺寸 0.1mm、间距 0.15mm 的点阵表面为例，其自清洁过程如图 7.38 所示。

(a)　　　　　　　　　　(b)

(c)　　　　　　　　　　(d)

图 7.38　以铝合金为基底、点尺寸 0.1mm、间距 0.15mm 的点阵表面自清洁过程

在试验过程中，由于污染物量较大，起初滴加时液滴未能接触到基底表面，如图 7.38（b）所示，仅停留在污染物表面，将基底倾斜一定角度后，液滴依旧能带走表面污染物并滚出表面。由于单个液滴体积较小，能带走的污染物有限，所以需要逐渐进行滴加。随着逐渐滴加更多水滴，液滴会将表面的污染物逐层带走，露出原基底表面，真正实现对基底表面的自清洁效应。在滴加过程中，液滴会自发滚向已自清洁过的区域，直接滚离表面，需要将基底表面调整不同的角度，使其滚至污染物较多的位置并将污染物带离表面。经过重复试验，自清洁的结果如图 7.38（d）所示，水滴可以逐渐将表面污染物带走，使被污染的表面恢复原貌，无需人为清理，证明了该表面具有自清洁性能。

其它四种材料的不同图形基底表面自清洁效果如图 7.39 所示，由图可见，在对基底表面逐渐滴加水滴的过程中，水滴基本可以把表面的污染物带走，实现自清洁特性。

图 7.39　选取表面的自清洁效果

但由于水滴总会自发滚向被清洁过的区域，因此导致清洁过的表面很不均匀，一些细小的颗粒依然留在表面上，当水量增大后不再出现这种情况，表面可以完全实现自清洁效应。

对于未做任何处理的基底表面，在其被污染物覆盖之后，滴加的水滴在接触到基底之后无法从其表面滚落，在将基底倾斜之后水滴与污染物充分混合。随着水滴的增多，混合物在基底表面越积越多，如图 7.40 所示，此时倾斜表面会有部分混合物流出，但依然有很大一部分停留在表面。当混合物中的水分完全蒸发之后，污染物依然存留在基底表面，由此可见未经任何处理的基底表面无法实现自清洁效应。

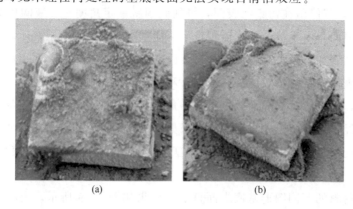

(c)　　　　　　　　　　(d)

图 7.40　未经任何处理表面的自清洁效果

相较而言，制备出的表面由于同时具有微观结构和低表面能而具有自清洁性能的条件。在试验过程中，液滴受到表面结构与低表面的共同作用被"托"在表面，从而将表面的污染物带走。未经处理的表面则会被液滴浸润，与污染物混在一起，无法实现自清洁功能。

7.6
本章小结

本研究主要以刻蚀法为基础，将其分别与分子膜沉积法和提拉法相结合，完成了特殊浸润性表面的制备。对于分子膜沉积法，具体地分别以 TC4 钛合金、TA2 纯钛、6061 铝合金、AZ31B 镁合金这四种材料为基底，以点阵、切圆、直线和网格为基底形貌特征，对于同一种形貌设置了不同参数，特别地对于直线和网格图形选用了两种不同的加工方法，制备出了一系列特殊浸润性表面，并分别对其进行了浸润特性研究、表面的微观形貌研究、表面成分测定以及自清洁性研究。

另外对于提拉法，以 TC4 钛合金为例，同样以点阵切圆、直线和网格作为基底形貌特征，设置与分子膜沉积法相同的参数进行对比研究，也研究了表面的浸润特性、表面成分和微观形貌。

两种方法制备出的疏液表面是成功达到预期效果的，对于水和甘油均达到了疏液甚至超疏液的程度。具体而言，对于分子膜沉积法，此法在选取的几种轻金属材料中都是成功的，由此可见此法具有一定的适用性。在浸润特性的研究中，基底表面的微观形貌会对疏液性有较大影响，对于点阵图形，表面疏液性会随着点间距的增大而变差，点尺寸在能加工出的范围内几乎没有影响，推测原因为点坑大小变化尺度仅为 0.01mm，不足以影响表面的整体结构；对于圆形，在所取的区间内前段影响不大，到后段表面疏液性开始下降，可以推测在圆直径达到 0.2mm 以上时，其表面疏液性会随之变差；对于直线和网格两种形貌利用了两种加工方法：激光器直接加工和"以圆代点"，通过比较可以发现"以圆代点"法加工的基底，其疏液性优于直接加工，同时其疏液的稳定程度也远好于直接加工，以至于不受微观形貌的影响。对于较为成熟的提拉法，仅以 TC4 为例制备了部分基底形貌作为对比研究，其表面疏液性良好，部分表面可以达到超疏水的程度，通过绘制曲线可以发现，其基底对于疏液性的影响规律也与分子膜沉积法相似。但对于提拉法的制备，胶层的涂抹对于表面的浸润特性影响较大，其厚度和不均匀性有待进一步优化。

无论是分子膜沉积法还是提拉法，制备出的表面与未完全处理的表面相比，疏液性均有明显提高。对于仅构建微纳结构的表面，静态接触角几乎为零，水滴在表面基本可以达到铺展的程度；对于仅降低表面能的表面，测得对于水的静态接触角仅在 $110°\sim 120°$，与制备完全的表面相比有着 $30°$ 以上的差距。由此可见，对于疏液表面的制备，无论是在基底表面构建微纳结构，还是降低基底表面能，这两方面都是必不可少的。

除了静态接触角之外，在试验中还对分子膜沉积法制备出的表面进行了滚动角的测量，以表征动态浸润性。对于制备出的一系列表面，理论上来讲都可以测得滚动角，但由于在浸润过程中涉及浸润模型的转化，所以不是所有的表面都能测得滚动角，关于模型的转化在第 2 章已有分析，不再赘述。对于不同的基底表面，正常加工的直线和网格、部分点阵，较难测得滚动角，而对于其余的表面较为容易测得。推测原因与表面的高度差有关，正常加工的直线和网格其表面高度差与其它表面相比，整体相对较小，高度差小的表面更容易被液滴浸润，从而转化为 Wenzel 模型，导致表面与液滴结合紧密，无法测得滚动角。对于可以测得滚动角的表面，综合来看最低仅为 $1°$，最高也只达到 $8°$，具有良好的动态浸润性能。

对于基底微观形貌的加工符合预期，经过研究发现，疏液性能较好的表面往往伴随着交错分布的大量凸起和凹陷，其中规则分布的凸起和凹陷与 Wenzel 模型和 Cassie-Baxter 模型中阐述的表面相一致，而不规则分布的混乱表面疏液性依然保持良好，甚至优于规则表面，由此可见只要基底表面被大量的凸起凹陷填充，无论其有无规律，均对表面的疏液性有提高作用。四种图形虽然各不相同，但其本质的表征是相似的，随着间距和圆直径的增大，未被加工的基底面积随之增大，疏液性也会随之下降。对于提拉法，由于在制备过程中会在基底表面涂一层胶，这就导致了胶层会将基底表面的微观形貌覆盖，所以在提拉法中微观形貌对表面疏液性的影响被弱化，同时涂料层的影响会相对增强，所以对于提拉法制备的表面，其疏液性被基底形貌和涂料共同影响。

对于无规则排布的表面，其表面形貌难以描述、毫无规律，仅能在电镜图中观察到表面上的微米-亚微米级结构。这种表面形貌与自然界中非人为加工而形成的表面形貌更为接近（如荷叶），而且经过试验证明，其对表面疏液性的影响是显著而且正面的。这种利用激光加工、参数确定、设定图形规则而加工出毫无规则排布的微米-亚微米结构，可以为仿生学提供较高的参考价值，另外对于表面的不同加工方法、微纳结构的构筑等方面也能提供一定的研究思路。

在成分测定方面，虽然对于静态接触角的测量已经从侧面证明了特殊浸润性表面制备的成功，但不能保证影响因素的具体来源，所以进行成分测定可直接确定制备步骤是否完备。对于两种方法制备的表面，均检测到了分子膜和涂料中的标志性元素，直接证明了特殊浸润性表面的制备是成功的。

在实际应用方面，对分子膜沉积法制备、疏液性能优异的表面进行了自清洁性能的检测，试验证明选取的表面自清洁性良好，具有一定的实际应用价值。自清洁性也是测得滚动角的侧面反映与实际应用，反映了制备表面的动态浸润性能。

虽然在特殊浸润性表面的制备方面，两种方法都取得了一定的成功，但经过对表面进行研究后发现还是存在一些问题。在提拉法的制备过程中，胶层的涂覆对接触角的测量影响较大，直接涂覆无法使胶层均匀覆盖在基底表面，进而涂料的覆盖也会变得不均匀，这就导致了在同一基底表面测得的接触角大小偏差很大，有些甚至超过了 20°。在配置涂料的过程中，纳米二氧化钛颗粒在溶液中分布不均匀，导致一些抱团的颗粒堆积在基底表面的微纳结构中，弱化了表面结构的影响。

对于分子膜沉积法，在测量静态接触角的过程中也会出现测量结果出现偏差的现象，尽管相对于提拉法这种情况发生率相对较低，但依然存在这种现象，推测原因为在对基底进行羟基化的过程中，羟基并未完全附着于基底表面，也有可能空气比较干燥，导致基底表面水分子不足难以完全发生反应。另外在溶液配制的过程中，可能没有做到完全反应就将基底放入溶液，以至于自组装过程不够彻底，最终导致表面上的一些区域疏液性不佳。

两种方法相比较而言，从制备的操作方法上来看，分子膜沉积法制备工艺较为繁复，操作步骤比较多，制备一批试样的时间较长；提拉法制备工艺简单，操作步骤相对较少，制备周期短。从表面的浸润特性来看，两种方法的疏液性都比较良好，从数据上来看，分子膜沉积法制备的表面测量结果更稳定，失误率更低。如果对两种方法存在的不足进行修正，提拉法制备出的表面疏液性可能会优于分子膜沉积法，达到超双疏表面，并且提拉法制备操作更简便，具有很高的推广潜质。

对于无规则排布的表面，尽管在选定参数下成功加工，但在本课题中尚未探索出一套完整的机加工体系与具体的加工参数，仅做到了利用本文中的方法可以实现表面的加工。对于具体的加工参数、图形设计等加工参数，以及成型后的形貌特性、量级尺度、表面稳定度等还有待进一步研究。

参 考 文 献

[1] Neinhuis C，Barthlott W. Characterization and distribution of water-repellent，self-cleaning plant surfaces [J]. Annals of Botany，1997，79（6）：667-677.

[2] Zheng Y M，Bai H，Huang Z B，et al. Directional water collection on wetted spider silk [J]. Nature，2010，463（7281）：640.

[3] Wang D，Guo Z，Chen Y，et al. In situ hydrothermal synthesis of nanolamellate CaTiO₃ with con-

trollable structures and wettability [J]. Inorg Chem, 2007, 46 (19): 7707.

[4] Nosonovsky M, Bhushan B. Hierarchical roughness makes superhydrophobic states stable [J]. Microelectronic Engineering, 2007, (84): 382-386.

[5] Zhang T Y, Wang Z J, Chan W K. Eigenstress model for surface stress of solids [J]. Physical Review B, 2010, 81 (19): 195427.

[6] Yuan Q Z, Zhao Y P. Precursor film in dynamic wetting, electrowetting and electro-elasto-capillarity [J]. Physical Review Letters, 2010, 104 (24): 246101.

[7] Cecile C. B., Jean L. B., Lyderic B., et al. Low Friction Flows of Liquids at Nanopatterned. Interfaces [J]. Nature Materials, 2003, 2 (4): 237-240.

[8] Yuan Q Z, Zhao Y P. Topology-dominated dynamic wetting of the precursor chain in a hydrophilic interior corner [J]. Proceedings of the Royal Society A, 2012, 468 (2138): 310-322.

[9] Gao J, Liu Y, Xu H, et al. Mimicking biological structured surfaces by phase-separation micro-molding [J]. Langmuir, 2009, 25 (8): 4365.

第8章

玻璃基底超疏水表面的
制备与表征

玻璃的历史要追溯到 4000 多年前的古埃及[1]，从人们在出土文物中发现玻璃制品的小球，到唐朝的琉璃制品，再到近代的工业化，在 4000 多年的发展历程中，玻璃逐渐从工艺品转变成为人们生活中必不可少的无机非金属材料。玻璃具有较好的耐热性、可塑性、透光性等特点[2]，是工农业最常使用的材料之一。同时，它与经济和社会的发展也有着极为密切的联系，一方面，玻璃在建筑建材、石油化工、机械制造、交通运输等行业有着不可替代的地位[3]，大量玻璃制品用于人们生活的方方面面；另一方面，玻璃以随处可见的石英石为主要原材料，制备工艺简单，用途十分广阔，在较长时间内可以大力发展，在国民经济中充当重要角色，随着科学技术的发展其应用的广度和深度将进一步扩大。

日常生活中，玻璃随处可见，也长期暴露在空气当中，又因为玻璃本身具有一定的平整度，灰尘等污染物很容易附着在其表面，较大程度地影响它的透光性和美观性[4-6]，因此需要保持玻璃表面的整洁性，但也带来了许多问题。精密电子仪器的玻璃部件经常因擦拭的原因而出现划痕导致仪器的损坏[7]；摩天大楼的清洁工作具有较高的危险性，世界范围内每年都有因此造成的伤害事故甚至是死亡事件。为了解决这些因玻璃表面的不洁净导致的问题，近年来，自清洁玻璃的研究[8-10] 逐渐引起人们的关注。

8.1
分散 SiO_2 纳米疏水表面制备

由于纳米 SiO_2 颗粒及其镀层有着许多优越的性质，利用纳米 SiO_2 在玻璃基底表面构造出粗糙微结构，再用低表面能物质 1H,1H,2H,2H-全氟癸基三乙氧基硅烷修饰其表面使其改性，在玻璃基底上成功制备单分散 SiO_2 纳米疏水表面，并借助仪器表征镀层的微观形貌、浸润性和透光性。

8.1.1 制备流程图

制备单分散 SiO_2 纳米疏水表面实验流程图如图 8.1 所示。

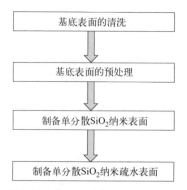

图 8.1 制备单分散 SiO_2 纳米疏水表面实验流程图

8.1.2　制备单分散 SiO_2 纳米疏水表面的步骤

（1）基底表面的清洗

基底表面的洁净程度直接决定了镀膜成功与否。具体清洗步骤如下：先将玻璃基底放入具有洗涤液的烧杯中超声清洗 15min 并用软毛刷清洗表面，接着分别用无水乙醇和去离子水超声清洗 15min，以无水乙醇洗去表面的洗涤液，去离子水洗去表面的无水乙醇，最后用氮气吹干基底表面，放入洁净的容器内备用。洗净的标准为：水在基底表面不凝结成珠，而是呈线性沿着基底表面顺畅流下。基底表面未清洗干净将导致镀膜不均匀，膜在基底表面分布不均，厚度不均，严重时无法在基底表面镀上膜。所以基底表面的清洗十分重要。此外，为了确保洗净的基底不受后来的污染，应减少清洗基底与镀膜的时间差。

（2）基底表面的预处理

由于基底材料为玻璃，是无机物；纳米 SiO_2 颗粒也是无机物，两者很难通过化学键连接在一起，所以基底表面的预处理十分有必要。配置预处理洗液，选取一定量的 98％浓硫酸和 30％过氧化氢以 7∶3 的比例配置预处理洗液，使其混合均匀，浓硫酸具有强腐蚀性，注意使用规范。接着将玻璃浸入预处理洗液，并将洗液置于恒温水浴器中，80℃处理 1h，取出，用去离子水反复冲洗 3 遍，用氮气吹干，放入洁净的容器内备用。处理后的玻璃表面释放大量自由的硅羟基，用于后期与纳米二氧化硅表面的羟基发生反应形成共价键。

（3）制备单分散 SiO_2 纳米表面

将二氧化硅配成质量分数为 0.5％、1.0％、1.5％、2.0％、2.5％，溶剂为水的悬浮液，超声时长 30min 进行预分散，由于二氧化硅极易团聚，需要对其进行再分散。将配好的二氧化硅水悬浮液，放置于超声波细胞粉碎机中进行分散，使纳米 SiO_2 分散均匀。超声波细胞粉碎机在工作时采用超声 4s 停顿 8s 的方式，工作 30min。再将分散好的二氧化硅水的悬浮液旋涂于玻璃上，放入烘箱内 80℃烘干 3min，150℃热处理 1h。

（4）制备单分散 SiO_2 纳米疏水表面

酸性条件下水解 1H,1H,2H,2H-全氟癸基三乙氧基硅烷，配成 3％的低表面能物质乙醇溶液，将热固好的玻璃样品放入低表面能物质乙醇溶液中 3min 后取出，70℃热处理 5min，120℃保持 1h，得到单分散纳米 SiO_2 疏水表面。

8.1.3　浸润性能的分析

通常用接触角的大小体现材料浸润性能的好坏，接触角的值越大，材料表面的浸润性能越差，液体表现为凝聚成团；接触角的值越小，材料表面的浸润性能越好，液体表现为铺展成面。在制备单分散纳米 SiO_2 疏水表面的实验中，接触角的测量主要由两个方面带来误差：镀膜的层数和 SiO_2 浓度。并不是基底表面的镀膜层数越大构造的粗糙结构越好，同样，浓度也不是越高越好。因此，为了实验效果，尽可能筛选接触角大的

镀膜层数和 SiO_2 浓度。

未经过任何处理的原始基底表面测得的接触角为 27.3°，如图 8.2（a）所示为未做任何处理的原始基底表面的接触角，该表面为亲水型表面，可以看到水滴尽可能地在基底表面铺展开，几乎呈现为一层薄薄的水膜。将原始基底表面直接用低表面能物质修饰，使其具有较低的表面能，加强疏水性能，如图 8.2（b）所示为用低表面能物质修饰改性原始基底表面的接触角，本课题采用 1H,1H,2H,2H-全氟癸基三乙氧基硅烷试剂为低表面能物质，测得的接触角为 82.5°。两者比较，接触角明显增大，虽然仍然为亲水型表面，但已经较接近疏水型表面，两者测得的接触角相差约 55°，表面的疏水性得到了较大的改善，这是因为 1H,1H,2H,2H-全氟癸基三乙氧基硅烷具有较低表面能，一方面 1H,1H,2H,2H-全氟癸基三乙氧基硅烷在酸性条件下水解后与基底表面的羟基形成共价键，另一方面 1H,1H,2H,2H-全氟癸基三乙氧基硅烷分子间通过氧原子形成 Si-O-Si 共价键，相当于在亲水基底表面形成了硅烷的缩聚结构，使得基底表面具有较低的表面能，从而加强基底表面的疏水性，这也验证了材料表面疏水性的两个共性之一，必须具备较低的表面能。

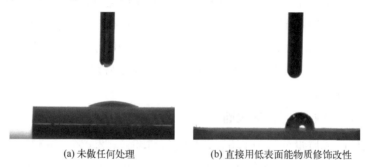

(a) 未做任何处理　　　　　　(b) 直接用低表面能物质修饰改性

图 8.2　原始基底表面的接触角

（1）不同 SiO_2 浓度对浸润性的影响

本实验分别选用 0.5％、1.0％、1.5％、2.0％ 和 2.5％ 五种质量分数的溶液对基底表面进行镀膜，再由 1H，1H，2H，2H-全氟癸基三乙氧基硅烷对其改性，如图 8.3 所示为不同浓度测得的接触角。从图中可以看出随着 SiO_2 浓度的增大，接触角先增大后不变，同时，在质量分数为 1.5％ 之后，接触角的值基本不变，在 132° 之间细微波动。这是因为浓度改变了基底表面的微纳米粗糙结构，浓度越大，镀膜时基底表面的 SiO_2 粒子越多，粗糙度越大，接触角的值也越大。但当浓度到达一定程度时，粗糙结构趋于一个稳定最佳值，接触角的值不会有较大的改变。与未经镀膜直接低表面能改性的基底相比，不仅具有较低表面能，其表面还具备粗糙结构，大幅度加强了疏水性，但并未到达超疏水效果（接触角大于 150°）。

（2）不同镀膜层数对浸润性的影响

本实验在进行制备单分散 SiO_2 纳米表面的过程中，将分散好的二氧化硅水溶液旋涂于玻璃上，放入烘箱内 80℃烘干 3min，150℃热处理 1h，即视为完成一次构造粗糙

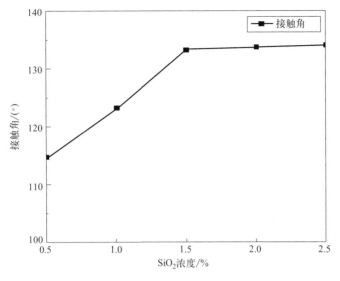

图 8.3　不同浓度测得的接触角

结构的镀膜步骤。重复该实验步骤可以对基底再次镀膜，即完成第二次镀膜，第三次镀膜，以此类推，可以在基底表面进行多次镀膜。取质量分数为 1.5％的二氧化硅水溶液，其他条件不变，进行多次镀膜，如图 8.4（a）所示为未经低表面能修饰的基底不同镀膜层数测得的接触角。

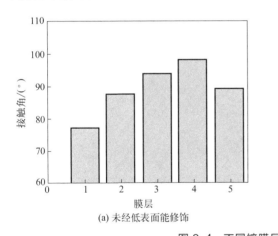

(a) 未经低表面能修饰

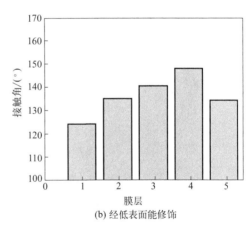

(b) 经低表面能修饰

图 8.4　不同镀膜层数测得的接触角

从图中可以看出，随着镀膜层数的增加，接触角随之缓慢增大，验证了疏水表面必须具备粗糙结构的理论。但是到第五层镀膜时接触角不增反减，这是因为随着镀膜层数的增加，基底表面的微纳米结构到达了一个最佳值，继续增加镀膜层数也不会改善具有疏水性的微纳米结构，反而破坏这一稳定状态，接触角随之减小。甚至当镀膜次数过多，基底表面出现更加粗糙的微米级、毫米级结构，由于毛细效应的存在，其表面将变成亲水型表面。这也符合 Wenzel 模型认为的若固体表面为亲水型表面，粗糙度增加，粗糙因子 R 也会变大，粗糙表面的接触角 θ_w（小于 90°）减小，固体表面更加亲水；

若固体表面为疏水型表面，粗糙度增加，粗糙因子 R 也会变大，粗糙表面的接触角 θ_w（大于 $90°$）增大，固体表面更加疏水。

上述基底测得接触角在 $75°$ 到 $100°$ 范围内变化，虽然与无粗糙结构修饰的基底相比，接触角一定程度上增大了，为疏水型表面，但并未达到超疏水型。这是因为这类表面虽然有程度不同的微纳米结构，达到了超疏水性的一个条件，但其表面无较低的表面能，这也使得接触角最大为 $98°$。

在基底表面经过不同镀膜层数的基础上用 1H,1H,2H,2H-全氟癸基三乙氧基硅烷修饰镀层，使其具备低表面能，如图 8.4（b）所示为经低表面能修饰的基底不同镀膜层数下测得的接触角。经过改性的镀层最小接触角为 $124.4°$，远大于未经改性的镀层，经过修饰的镀层疏水性明显增强。此外，第三、第四次镀膜的接触角都超过 $140°$，疏水效果较好，但仍未达到超疏水效果，其中第四次镀膜测得的接触角最大为 $148.1°$，比较接近超疏水定义的接触角的值。

8.1.4 材料表面形貌的分析

通过对材料接触角随变量的分析可知粗糙结构对浸润性有很大影响，为了深入探究这种影响规律，对镀层表面形貌进行进一步研究。本实验使用扫描电子显微镜对基底表面镀层进行表征，观察并研究镀层表面的二维微观结构，如图 8.5（a）、（b）分别是 3 层镀膜层数的 500 倍 SEM 图和 SiO_2 质量分数为 2.0% 的 500 倍 SEM 图。

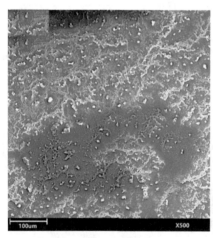 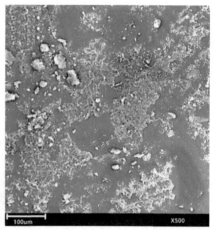

(a) 3层镀膜层数的500倍SEM图　　　　　(b) SiO_2质量分数为2.0%的500倍SEM图

图 8.5　SEM 图

从图 8.5（a）可以看到许多山脊状结构，还有较多的 SiO_2 小颗粒错综复杂地散落在其中形成微纳米粗糙结构。图 8.5（b）中有许多零散的 SiO_2 小颗粒组成的片状微纳米粗糙结构，不难发现还有一些较大的 SiO_2 颗粒，粒径在 $100\mu m$ 左右，形成大颗粒 SiO_2 的原因是纳米 SiO_2 粒子本身极具团聚性，表面有许多亲水性的羟基，在溶剂中容易相互吸引形成团聚颗粒，当浓度较大时，粒子之间更容易集聚在一起形成较大粒子。

这些较大的颗粒粗糙度较大，对表面的疏水性有较大影响。浓度越大，团聚的粒子越大，粗糙度随之增大，疏水性反而变小。就浸润性而言，镀层表面的疏水性受 SiO_2 浓度影响较大。

8.1.5　镀层透光性的分析

多数人对可见光的感知波长为 $400\sim760nm$，可见光的透光率越高表明玻璃的透光性越好，透光率在 75% 之上时较小程度影响玻璃的透光性。本实验对不同镀膜层数和不同 SiO_2 浓度的待测样品进行透光率的测量。

（1）不同镀膜层数对镀层透光性的影响

如图 8.6 所示为不同镀膜层数测得的透光率。其中 0 层代表的曲线表示未经任何处理的原始基底的透光率，未镀层玻璃的透光率高达 90%。随着镀膜层数的增加，透光率随之减小，且减小程度不断变大。实验中只有一、二层镀膜测得的透光率达到 75% 之上，而五层镀膜的透光率低于 40%，肉眼看上去基本呈现"白色幕墙"，极大程度上影响玻璃的透明性。多次镀层的原理是在上一层镀层的基础上叠加，极具团聚性的 SiO_2 颗粒相互吸引，使得 SiO_2 颗粒层层相叠，较大程度地加厚不透明"白色幕墙"，这种物理叠加是线性的，但是光的散射和反射却呈指数型上升，透光率也呈指数型减小。

（2）不同 SiO_2 浓度对镀层透光性的影响

SiO_2 浓度也是影响镀层透光性的重要因素，探究不同 SiO_2 浓度对透光性的影响，实验选取一层镀膜层数，其余条件不变，改变 SiO_2 浓度，观察质量分数为 0.5%、1.0%、1.5%、2.0% 和 2.5% 的透光率，如图 8.7 所示为不同 SiO_2 浓度测得的透光率。

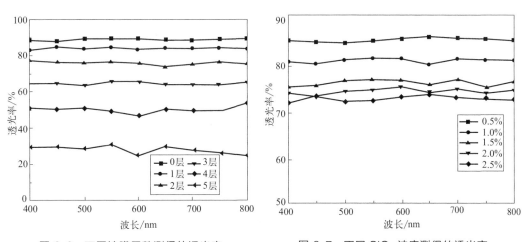

图 8.6　不同镀膜层数测得的透光率　　　图 8.7　不同 SiO_2 浓度测得的透光率

从图中可以看出，虽然透光率随着 SiO_2 浓度的增加不断减小，但五个不同质量分数测得的透光率都在 70% 之上，且质量分数为 1.5%、2.0% 和 2.5% 的镀层的透光率在 75% 处上下稳定变动。这表明与镀膜层数相比，透光率受 SiO_2 浓度的影响较小。由于分散作用，纳米 SiO_2 极少团聚成大颗粒，且 SiO_2 颗粒在基底表面形成单分子膜，浓度的增加会导致透光率的减小，但并不会给透光率带来较严重影响。因此，与镀膜层数相比，镀层的透光性受 SiO_2 浓度的影响较小。

8.2
环氧树脂/SiO_2 复合玻璃基底超疏水表面

超疏水表面都具有微纳米粗糙结构和低表面能，纳米 SiO_2 颗粒有着体积小、比表面积大的特点，满足构造微纳米粗糙结构的条件，但是由于其本身极具团聚性，容易团聚成块，构造的粗糙结构不均匀，较大程度地影响超疏水性，由第 7 章可知，单分散 SiO_2 纳米疏水表面并不满足超疏水性，并且和透光性之间没有一个较好的平衡点。本章中，利用环氧树脂和纳米 SiO_2 分散混合，并使用硅烷偶联剂 3-氨丙基三乙氧基硅烷作为"架桥剂"，在环氧树脂与纳米 SiO_2 之间形成化学键，成功构造出均匀的微纳米粗糙结构。本章重点介绍了实验的流程以及纳米 SiO_2 与环氧树脂质量比对镀层浸润性和透光性的影响。

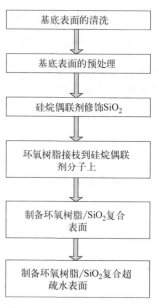

图 8.8 制备环氧树脂/SiO_2 复合超疏水表面实验流程图

8.2.1 实验流程图

本课题制备环氧树脂/SiO_2 复合超疏水表面实验流程图如图 8.8 所示。

8.2.2 制备环氧树脂/SiO_2 复合超疏水表面的步骤

（1）基底表面的清洗

与制备单分散 SiO_2 纳米疏水表面相同，不重复赘述。

（2）基底表面的预处理

与制备单分散 SiO_2 纳米疏水表面相同，不重复赘述。

（3）硅烷偶联剂修饰 SiO_2

分别将 0.4g、0.8g、1.2g、1.6g、2.0g、2.4g 的纳米 SiO_2 一边加入盛有 20mL 无水乙醇的烧杯中，一边用玻璃棒进行搅拌，将其置于磁力搅拌器中，以转速 1200r/min 充分搅拌 30min，得到纳米 SiO_2 的分散液。将 1g 的硅烷偶联剂缓慢加入 25mL 无水乙醇中，将其置于磁力搅拌器中以转速 1200r/min 充分搅拌 30min，得到硅烷偶联乙醇溶液，取两种溶液按照

纳米 SiO_2 分散液与硅烷偶联乙醇溶液 1∶1 的比例混合，置于超声波细胞粉碎机中粉碎 30min 后得到充分分散的混合液，为确保两种反应完全，将其置于密闭的环境中 1h，反应过程中水解硅烷偶联剂分子的产物硅醇与纳米 SiO_2 表面上羟基发生脱水缩合反应形成化学键，将纳米 SiO_2 颗粒嫁接到硅烷偶联剂分子上，得到硅烷偶联剂修饰的 SiO_2 溶液。

（4）环氧树脂接枝到硅烷偶联剂分子上

取一定质量的胶体环氧树脂置于烧杯中，将其放入温度设置为 120℃烘箱中热解为流体状，将其加入步骤（3）配置的溶液中，分别按照纳米 SiO_2 与环氧树脂质量比为 2％、4％、6％、8％、10％ 和 12％ 比例配置溶液，将其置于磁力搅拌器，以转速 1500r/min 充分搅拌后，置于温度为 80℃的烘箱中加热 2h，使其反应完全，反应过程中环氧树脂分子与硅烷偶联剂分子物理缠绕，反应生成共价键，将环氧树脂分子接枝到硅烷偶联剂分子上，得到环氧树脂/硅烷偶联剂/纳米 SiO_2 混合溶液。

（5）制备环氧树脂/SiO_2 复合表面

向烧杯中加入一定质量的 4,4'-二氨基二苯基甲烷，使其与环氧树脂质量比为 20∶101，4,4'-二氨基二苯基甲烷充当固化剂，作用是将环氧树脂凝固。将烧杯放于磁力搅拌器中搅拌混合 5min，置于 120℃真空烘箱中，抽真空 3min，去除悬浮液中空气。旋涂于玻璃基底上，并置于 120℃的烘箱中，热固化 2h，得到具有微纳米结构的环氧树脂/SiO_2 复合表面。

（6）制备环氧树脂/SiO_2 复合超疏水表面

酸性条件下水解 1H,1H,2H,2H-全氟癸基三乙氧基硅烷，配成 3％的低表面能物质乙醇溶液，将热固化好的玻璃样品放入低表面能物质乙醇溶液中 3min 取出，70℃热处理 5min，120℃恒温保持 1h，得到环氧树脂/SiO_2 复合 SiO_2 超疏水表面。

8.2.3　浸润性能的分析

分别测量纳米 SiO_2 与环氧树脂质量比为 2％、4％、6％、8％、10％ 和 12％ 的镀膜的接触角，如图 8.9 所示为不同质量比例下测得的接触角。从图中可以看出环氧树脂/SiO_2 复合表面有较好的疏水性，随着质量比的增大，接触角随之增大，符合第 7 章的实验结果，且接触角的值总体比单分散 SiO_2 纳米疏水表面测得的接触角的值大，这是因为环氧树脂分子中有大量极性的环氧烷和羟基，可以与硅烷偶联剂 3-氨丙基三乙氧基硅烷一端形成共价键，硅烷偶联剂的另一端与纳米 SiO_2 的羟基形成共价键，使得有较多纳米 SiO_2 小颗粒

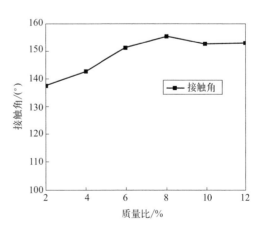

图 8.9　不同质量比例下测得的接触角

在基底形成微纳米粗糙结构。此外，当质量比为6％时，接触角基本处于稳定，在152°处上下波动。再增加纳米 SiO_2 的质量比，接触角也没有较大变化，最大接触角高达156.3°。

8.2.4　材料表面形貌的分析

通过对接触角的分析可知，粗糙结构对浸润性有很大影响，为了进一步探究其影响规律，对镀层表面形貌进行深入研究。使用扫描电子显微镜对镀层进行观测，图8.10为质量比为8％的环氧树脂/SiO_2复合表面的扫描电子显微镜图。

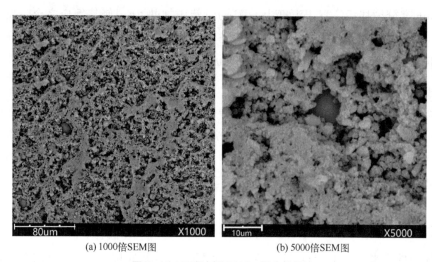

(a) 1000倍SEM图　　　　　(b) 5000倍SEM图

图 8.10　环氧树脂/SiO_2 复合表面

图 8.10（a）中有大大小小不同的 SiO_2 颗粒聚集在一起，形成明显的空间网络结构。这是因为部分纳米 SiO_2 颗粒因其极具团聚性集聚在一起，形成较大 SiO_2 颗粒，另一部分纳米 SiO_2 颗粒随机与硅烷偶联剂形成共价键，并且硅烷偶联剂也与较大的 SiO_2 颗粒形成共价键，使得不同粒径的 SiO_2 颗粒错综复杂地连接在一起形成有空间网络结构的微纳米粗糙结构。图 8.10（b）为图 8.10（a）中局部放

图 8.11　接触角

大图，可以清晰看到 SiO_2 颗粒形成多层微纳米结构，且 SiO_2 颗粒的粒径大小不一，该表面测得的接触角为 152.6°，如图 8.11 所示为测得的接触角。硅烷偶联剂的氨基与环氧树脂的环氧基发生化学反应形成共价键，形成更为复杂的空间网络结构，极大地增强了疏水性。

160

8.2.5 镀层透光性的分析

为了分析环氧树脂/SiO$_2$复合表面镀层的透光性，分别配置纳米SiO$_2$与环氧树脂质量比为2%、4%、6%、8%、10%和12%的溶液，在可见光的范围下测试透光率，如图8.12为不同质量比测得的透光率。

从图中可以发现质量比在2%~10%之间测得的透光率都大于75%，符合玻璃的透光性，其中质量比在2%~8%范围时透光率在80%之上。这表明制得的环氧树脂/SiO$_2$复合表面受SiO$_2$粒子影响较小，其透光性远大于单分散SiO$_2$表面。一定程度上说明环氧树脂起到了分散剂的作用，将纳米SiO$_2$粒子相对均匀地分布在基底表面。质量比越大透光率的波动范围越大，质量比为2%、4%、6%时测得透光率的变化范围较小，在可见光波长内变化较稳定，从另一侧面证明环氧树脂可以将纳米SiO$_2$粒子相对均匀地分布在基底表面。

影响镀层透光性的主要原因是光的散射和反射，光的散射和反射作用使得光不能按照特定方向传播，如图8.13所示为光的散射和反射图。图中部分光因受到固体颗粒的阻挡，改变传播方向，有些原路返回称为光的反射，有些向四周传播称为光的散射，其余光按照原先传播方向传播。环氧树脂/SiO$_2$超疏水表面的SiO$_2$颗粒在环氧树脂中分布较均匀，反射和散射较少，光在其中能尽可能多地穿越，因此测得的透光率较高，镀层的透光性较好。

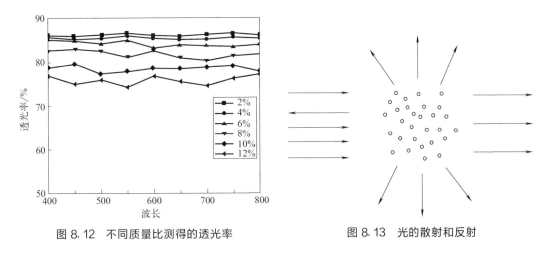

图8.12 不同质量比测得的透光率 　　　　　　图8.13 光的散射和反射

8.3
本章小结

用简单的方法制备单分散SiO$_2$纳米疏水表面，并进行性能分析，用接触角测量仪对其表面的浸润性进行分析，用紫外可见光光度分析仪对镀层进行透光性的分析，研究

不同 SiO_2 浓度和不同镀膜层数对浸润性和透光性的影响。同时，为进一步探究粗糙度对浸润性的影响规律，还用扫描电子显微镜对其形貌进行观察。结果如下：

① 随着 SiO_2 浓度的增大，接触角先增大后不变，在质量分数为 1.5% 时达到相对稳定值，稳定值为 132°。这是因为 SiO_2 浓度越大，表面粗糙度越大，但当浓度达到一定程度时，粗糙结构趋于一个稳定最佳值，接触角的值不会有较大的改变。

② 随着镀膜层数的增加，接触角随之缓慢增大后减小，因为随着镀膜层数的增加，微纳米结构达到了一个最佳值，最大值出现在第四层镀膜为 148.1°。当镀膜次数过多，镀膜表面不会有较大改变，反而因为镀膜层数过多其表面可能变为更加粗糙的微米级，变成亲水型表面。

③ 镀膜层数的影响使得表面有许多山脊状结构和小颗粒错综复杂地"交缠"在一起，形成了微纳米粗糙结构；SiO_2 浓度的影响使得表面有许多零散的小颗粒组成的微纳米粗糙结构，也有一些因纳米 SiO_2 粒子本身极具团聚性聚集起来形成的较大颗粒。

④ 因镀膜层数的影响，透光率大于 75% 的只有一层和二层镀膜，这是因为镀膜层数的增加是在上一个镀膜基础上再次覆盖一层阻光物，透光率的减小是叠加的。

⑤ 透光率随着 SiO_2 浓度的增加不断减小，减小幅度随浓度增大而减小，透光率受 SiO_2 浓度的影响相对较小。

为了得到疏水性更强的超疏水表面，在实验中加入硅烷偶联剂与环氧树脂，制备环氧树脂/SiO_2 复合表面，并研究纳米 SiO_2 与环氧树脂不同质量比带来的影响。取质量比为 2%、4%、6%、8%、10% 和 12% 的镀膜对其浸润性和透光率进行分析，同时，为进一步探究粗糙度对浸润性的影响规律。结果如下：

① 测得的接触角总体较大，有较好的疏水性。随着质量比的增大，接触角随之增大后趋于稳定，稳定值为 152°，最小的接触角为质量比为 2% 时的 137.3°，最大的接触角为质量比为 8% 时的 158.3°。

② 镀层表面形成有空间网络结构的微纳米粗糙结构。这是因为部分纳米 SiO_2 颗粒因其极具团聚性集聚在一起，形成较大 SiO_2 颗粒，另一部分纳米 SiO_2 颗粒随机被硅烷偶联剂连接，并且硅烷偶联剂也连接了较大的 SiO_2 颗粒，使得不同粒径的 SiO_2 颗粒错综复杂地连接在一起。

③ 环氧树脂/SiO_2 复合表面受 SiO_2 粒子影响较小，其镀层的透光性远大于单分散 SiO_2 表面，并且质量比越小测得的透光率变化越小，总体可见光波长透光率变化越稳定。

参 考 文 献

[1] 干福熹，承焕生，李青会. 中国古代玻璃的起源——中国最早的古代玻璃研究 [J]. 中国科学（E 辑：技术科学），2007（03）：382-391.

[2] 干福熹，承焕生，胡永庆，等. 河南淅川徐家岭出土中国最早的蜻蜓眼玻璃珠的研究 [J]. 中

特殊浸润性表面的
开发制备与性能研究

国科学（E辑：技术科学），2009，39（04）：787-792.

[3] Dubrocq-Baritaud C.，Devaux N.，Darque-Ceretti E.，et al. Influence of the nature of fluoropolymer processing aids on the elimination of sharkskin defect in LLDPE extrusion，International Journal of Material Forming [J]. International Journal of Material Forming，2008，1727-730.

[4] Cecile C. B.，Jean L. B.，Lyderic B.，et al. Low Friction Flows of Liquids at Nanopatterned. Interfaces [J]. Nature Materials，2003，2（4）：237-240.

[5] Gao J，Liu Y，Xu H，et al. Mimicking biological structured surfaces by phase-separation micromolding [J]. Langmuir，2009，25（8）：4365.

[6] Neinhuis C，Barthlott W. Characterization and distribution of water-repellent，self-cleaning plant surfaces [J]. Annals of Botany，1997，79（6）：667-677.

[7] Yuan Q Z，Zhao Y P. Precursor film in dynamic wetting，electrowetting and electro-elasto-capillarity [J]. Physical Review Letters，2010，104（24）：246101.

[8] Zheng Y M，Bai H，Huang Z B，et al. Directional water collection on wetted spider silk [J]. Nature，2010，463（7281）：640.

[9] Wang D，Guo Z，Chen Y，et al. In situ hydrothermal synthesis of nanolamellate $CaTiO_3$ with controllable structures and wettability [J]. Inorg Chem，2007，46（19）：7707.

[10] Zhang T Y，Wang Z J，Chan W K. Eigenstress model for surface stress of solids [J]. Physical Review B，2010，81（19）：195427.

第9章

制备工艺与展望

9.1
制备工艺比较

本研究工作受自然界超疏水表面结构与性能的启发，利用多种加工制备技术在基底材料表面构建微观粗糙结构，再利用低表面能物质对制备得到的表面进行修饰，制备出超疏水表面。

基于激光加工、溶液刻蚀、微弧氧化、微弧氧化与纳米颗粒涂覆技术，分别在硅、铝镁合金和 MB8 镁合金表面构建了粗糙表面微结构，再利用低表面能物质自组装分子膜进行表面修饰，制备得到硅、铝镁合金和 MB8 镁合金基底超疏水表面。对获得超疏水表面的几种制备工艺列表 9.1 进行对比。

表 9.1 超疏水表面制备工艺对比

制备工艺	基底材质	接触角/(°)	滚动角/(°)	备注
激光加工＋SAMs	硅片	156.1	～20	点阵间距 $60\mu m$
		155.9	～20	点阵间距 $70\mu m$
		154.3	～20	点阵间距 $80\mu m$
		153.6	～20	点阵间距 $90\mu m$
	MB8 镁合金	150.8	～20	点阵纹理表面
		156.5	10～30	直线纹理表面
		159.1	～10	网格纹理表面
溶液刻蚀＋SAMs	铝镁合金	161.3	＞180	刻蚀 1min
		160.8	＞180	刻蚀 2min
		162.5	＞90	刻蚀 3min
		158.5	～15	刻蚀 4min
		162.1	～7	刻蚀 5min
微弧氧化＋SAMs	MB8 镁合金	156.4	～10	微弧氧化基底
微弧氧化与纳米颗粒涂覆＋SAMs	MB8 镁合金	161.5	～3	在微弧氧化层表面涂覆二氧化硅纳米颗粒
		152.1	～5	在光滑基底表面涂覆二氧化硅纳米颗粒

9.1.1 激光加工

激光加工技术具有高效精密、操作简单、成本低廉的优点。经激光加工试样的表面结构可以通过控制加工过程的参数设置来进行调控，实现硅、镁合金基底表面特定的纹理微结构。经激光加工后，基底表面结构呈现出规则的排布，在硅片表面呈现微米级的乳突状突起，组成类似于点阵状排布；镁合金试样在激光加工光照作用下，不仅可以形成规则的微米级表面结构排布，而且在这些微米级结构物上附着有尺寸更小（数微米到亚微米级）的呈柱状、球状、圆盘状的不规则排布的重凝突起物，而硅片试样经激光加工后没有发现类似的生成物。

分析认为，不同试样因基底材质的不同，其表面在激光加工作用下生成的表面微结构也会存在明显的差异。利用激光加工在试样表面构建微结构时，需要清楚基底材料受激光加工作用后的反应生成物形貌，这样才能构建适合的表面微结构。同时，激光加工工艺受激光光斑尺寸的影响，对试样表面进行的微造型存在尺寸限制问题，如：本设备 HGL-LSY50F 型激光打标机的光斑直径为 $20\mu m$，当设置加工间距小于 $60\mu m$ 时，由于受激光光束的限制，试样表面难以形成规则的纹理结构。因此基于此设备进行激光加工，构建尺寸更小的表面微结构是很难实现的。

人们对典型的超疏水表面——荷叶进行研究发现，具有"荷叶效应"的此类表面，其表面存在典型的微/纳米二元粗糙结构，这种分级粗糙结构对超疏水表面的构建起到增强作用，且其表面水滴的易滚落特性与其表面微米级乳突物的无序排布密切相关。从这个角度出发，基于激光加工构建微结构表面工艺存在两点不足：①试样表面微/纳米二元粗糙结构的构建；②乳突状结构物的无序排布。对①而言，可以通过进一步的处理得到二元结构，如经激光加工构建的微米级粗糙试样上引入纳米颗粒（如常见的各种碳纳米管、二氧化钛、二氧化硅等纳米颗粒）进行纳米级粗糙表面构建，这样就增加了制备过程的复杂性；对②而言，激光加工难以实现加工试样表面上微米级突起物的无序性排布。人们对超疏水表面水稻叶面的研究发现，微米粗糙结构的无序性排布对降低水滴的滚动角具有重要作用。对比基于激光加工构建的两类超疏水表面的接触角（如表 9.1所示），基于激光加工构建试样表面的静态接触角均大于 $150°$，但滚动角普遍较大（均大于 $10°$），其中具有直线纹理表面结构的镁合金试样，其滚动角的较大波动（类似于水稻叶面的水滴滚动存在方向性），也证实了微米级粗糙结构物的无序排布对滚动角具有重要影响。

9.1.2 溶液刻蚀

溶液浸泡刻蚀试样构建表面粗糙微结构，通过调控试样在溶液中的浸泡时间，来获得具有不同表面微结构的铝镁合金试样。利用溶液刻蚀获取微结构表面的工艺过程相对简单、成本低廉，具有大面积推广的潜力。

对不同基底材料而言，获取微结构表面需选用不同的刻蚀溶液进行测试，对试样刻蚀时间的把握也需要经过一定的试验测试。本研究中利用特定刻蚀溶液对铝镁合金试样进行刻蚀处理，通过控制刻蚀时间在 1min、2min、3min、4min 和 5min，其刻蚀试验表面微结构的最大深度和粗糙度随刻蚀时间的增加出现明显的增长趋势。试样经自组装技术修饰处理后均获得 $160°$ 左右的超疏水表面，但试样表面的滚动角呈现明显的差异，随刻蚀时间的增加，试样表面滚动角逐渐变小，试样与水滴之间的黏附力逐渐降低。

对于刻蚀 1min 试样基本保持原形貌，其上分布着许多小凹坑，随着刻蚀浸泡时间的增加，试样表面的刻蚀程度明显增大，表面刻蚀深度和穴坑的数量都逐渐变大；表面形貌的破坏程度由原表面的点刻蚀逐渐扩展到面的刻蚀，形成了沟壑状的腐蚀区域，原打磨表面的存留面积越来越小，形貌由原来的单一均匀结构逐渐变成沟壑结构形式，表面的均一性越来越差。

同激光加工相比，刻蚀试样表面微结构形貌存在不可预见性。本研究中的溶液刻蚀工艺是以晶体位错刻蚀和坑刻蚀为主。刻蚀 5min 的试样表面微结构形貌除分布明显的数十微米级的沟槽与凸起，同时还分布许多亚微米级凹坑，这两种微结构的组成类似于微/纳米二元结构，由此构建的超疏水表面，不仅具有较高的接触角，其滚动角在 7° 左右。

9.1.3　微弧氧化工艺、微弧氧化与纳米颗粒涂覆

微弧氧化技术是利用电压放电，通过微弧区瞬间高温烧结作用直接在金属基底表面原位生长陶瓷氧化膜层。本研究利用生成的微弧氧化层具有的微米级粗糙结构制备超疏水表面基底，通过修饰自组装分子膜来构建超疏水表面。

微弧氧化工艺在不同的电解液配比、不同电源工作模式下形成的微弧氧化层形貌差异较大，为了获取构建超疏水表面所需的微粗糙结构，在本研究中采用正交试验的方式对电解液配比、电源工作模式等进行尝试。确定以硅酸钠、碳酸钠为主盐的电解液体系可以获得制备超疏水表面所需的表面微结构。微弧氧化工艺生成的表面微结构均一性较差，以微米级结构物为主，表面微结构形貌具有不可预见性，其表面上存在的微米级空隙和凹凸不平的形貌结构对构建超疏水表面均能起到增强作用。该工艺对构建不同基底材料超疏水性表面所需的表面微结构均需进行各自的形貌测定，势必增加构建过程中的试样次数。

为了获取构建稳固超疏水表面所需的微/纳米二元粗糙结构，利用微弧氧化正交试验确定具有较为均一的微米级粗糙结构表面所需试验参数，再利用纳米颗粒对获取的微米级粗糙结构进行表面涂覆处理，来获取具有微/纳米二元粗糙结构的表面。由表 9.1 可见，基于微弧氧化与纳米颗粒涂覆技术获得的超疏水表面具有稳固的高接触角和较小的滚动角。利用纳米颗粒在光滑基底涂覆亦可获取 150° 接触角和 5° 滚动角的试验结果证实了纳米颗粒对构建具有低滚动角、高接触角的超疏水表面具有明显的增强作用。试验结果也证实了基于微弧氧化和纳米颗粒涂覆制备的超疏水表面具有明显的低黏附特性，其呈现的这种特性与其微米级粗糙结构物的无序性排布相关。

以刻蚀法为基础，将其分别与分子膜沉积法和提拉法相结合，完成了特殊浸润性表面的制备。对于分子膜沉积法，具体地分别以 TC4 钛合金、TA2 纯钛、6061 铝合金、AZ31B 镁合金这四种材料为基底，以点阵、切圆、直线和网格为基底形貌特征，对于同一种形貌设置了不同参数，特别地对于直线和网格图形选用了两种不同的加工方法，制备出了一系列特殊浸润性表面，并分别对其进行了浸润特性研究、表面的微观形貌研究、表面成分测定以及自清洁性研究。

另外对于提拉法，以 TC4 钛合金为例，同样以点阵切圆、直线和网格作为基底形貌特征，设置与分子膜沉积法相同的参数进行对比研究，也研究了表面的浸润特性、表面成分和微观形貌。

两种方法制备出的疏液表面是成功达到预期效果的，对于水和甘油均达到了疏液甚至超疏液的程度。具体而言，对于分子膜沉积法，此法在选取的几种轻金属材料中都是成功的，由此可见此法具有一定的适用性。在浸润特性的研究中，基底表面的微观形貌会对疏液性有较大影响，对于点阵图形，表面疏液性会随着点间距的增大而变差，点尺寸在能加工出的范围内几乎没有影响，推测原因为点坑大小变化尺度仅为 0.01mm，不足以影响表面的整体结构；对于圆形，在所取的区间内前段影响不大，到后段表面疏液性开始下降，可以推测在圆直径达到 0.2mm 以上时，其表面疏液性会随之变差；对于直线和网格两种形貌利用了两种加工方法：激光器直接加工和"以圆代点"，通过比较可以发现"以圆代点"法加工的基底，其疏液性优于直接加工，同时其疏液的稳定程度也远好于直接加工，以至于不受微观形貌的影响。对于较为成熟的提拉法，仅以 TC4 为例制备了部分基底形貌作为对比研究，其表面疏液性良好，部分表面可以达到超疏水的程度，通过绘制曲线可以发现，其基底对于疏液性的影响规律也与分子膜沉积法相似。但对于提拉法的制备，胶层的涂抹对于表面的浸润特性影响较大，其厚度和不均匀性有待进一步优化。

无论是分子膜沉积法还是提拉法，制备出的表面与未完全处理的表面相比，疏液性均有明显提高。对于仅构建微纳结构的表面，静态接触角几乎为零，水滴在表面基本可以达到铺展的程度；对于仅降低表面能的表面，测得对于水的静态接触角仅为 110°～120°，与制备完全的表面相比有着 30°以上的差距。由此可见，对于疏液表面的制备，无论是在基底表面构建微纳结构，还是降低基底表面能，这两方面都是必不可少的。

除了静态接触角之外，在试验中还对分子膜沉积法制备出的表面进行了滚动角的测量，以表征动态浸润性。对于制备出的一系列表面，理论上来讲都可以测得滚动角，但由于在浸润过程中涉及浸润模型的转化，所以不是所有的表面都能测得滚动角，关于模型的转化在第 2 章已有分析，不再赘述。对于不同的基底表面，正常加工的直线和网格、部分点阵，较难测得滚动角，而对于其余的表面较为容易测得。推测原因与表面的高度差有关，正常加工的直线和网格其表面高度差与其它表面相比，整体相对较小，高度差小的表面更容易被液滴浸润，从而转化为 Wenzel 模型，导致表面与液滴结合紧密，无法测得滚动角。对于可以测得滚动角的表面，综合来看最低仅为 1°，最高也只达到 8°，具有良好的动态浸润性能。

对于基底微观形貌的加工经过研究发现，疏液性能较好的表面往往伴随着交错分布的大量凸起和凹陷，其中规则分布的凸起和凹陷与 Wenzel 模型和 Cassie-Baxter 模型中阐述的表面相一致，而不规则分布的混乱表面疏液性依然保持良好，甚至优于规则表面，由此可见只要基底表面被大量的凸起凹陷填充，无论其有无规律，均对表面的疏液性有提高作用。四种图形虽然各不相同，但其本质的表征是相似的，随着间距和圆直径的增大，未被加工的基底面积随之增大，疏液性也会随之下降。对于提拉法，由于在制备过程中会在基底表面涂一层胶，这就导致了胶层会将基底表面的微观形貌覆盖，所以在提拉法中微观形貌对表面疏液性的影响被弱化，同时涂料层的影响会相对增强，所以对于提拉法制备的表面，其疏液性被基底形貌和涂料共同影响。

对于无规则排布的表面，其表面形貌难以描述、毫无规律，仅能在电镜图中观察到表面上的微米-亚微米级结构。这种表面形貌与自然界中非人为加工而形成的表面形貌（如荷叶）更为接近，而且经过试验证明，其对表面疏液性的影响是显著而且正面的。这种利用激光加工、参数确定、设定图形规则而加工出毫无规则排布的微米-亚微米结构，可以为仿生学提供较高的参考价值，另外对于表面的不同加工方法、微纳结构的构筑等方面也能提供一定的研究思路。

在成分测定方面，虽然对于静态接触角的测量已经从侧面证明了特殊浸润性表面制备的成功，但不能保证影响因素的具体来源，所以进行成分测定可直接确定制备步骤是否完备。对于两种方法制备的表面，均检测到了分子膜和涂料中的标志性元素，直接证明了特殊浸润性表面的制备是成功的。

在实际应用方面，对分子膜沉积法制备、疏液性能优异的表面进行了自清洁性能的检测，试验证明选取的表面自清洁性良好，具有一定的实际应用价值。自清洁性也是测得滚动角的侧面反映与实际应用，反映了制备表面的动态浸润性能。

9.2
结论

固体材料表面浸润性取决于固体表面的化学组成和表面微观结构，因此通过调控固体材料的表面微观结构和表面自由能可以实现表面浸润性的控制。受自然生物界超疏水表面的启发，基于这一原理，从构造适宜的表面粗糙结构和降低基底材料表面自由能两方面着手，利用多种技术手段，制备出一系列超疏水表面。得出主要结论如下：

① 基于激光加工技术在硅、镁合金表面构造规则的粗糙表面结构，利用自组装技术进行氟化硅烷修饰，制备出超疏水硅、镁合金表面。利用激光加工技术实现精密可控地构造规则表面形貌，且试样表面形貌结构与接触角密切相关，通过建立数学模型进行理论计算和光学观察到的"气垫"的存在证实了构建的超疏水表面符合 Cassie-Baxter 状态模型，对接触角理论值与测量值的分析揭示了分级粗糙结构对超疏水表面构建具有重要作用。

② 基于位错刻蚀理论，利用自制溶液刻蚀处理铝镁合金试样构建微观粗糙结构，通过自组装技术降低微观粗糙表面自由能，制备得到铝镁合金超疏水表面。刻蚀时间的差异使制备得到的超疏水表面与水滴之间的黏附力存在明显差异；黏附力的差异是水滴在微观结构上所处的状态不同造成的。这一研究为具有特殊黏附力的铝镁合金超疏水表

面的制备提供了技术支持。

③ 基于微弧氧化和自组装技术实现了镁合金基底浸润性由亲水到超亲水再到超疏水的转变。微摩擦学性能测试显示，致密层和疏松层以及经自组装分子膜修饰后的膜层均具有比镁合金基底更好的抗磨性能；基于自组装技术制备的疏水、超疏水表面形成的边界润滑膜在一定载荷条件下均能有效地减少基底的摩擦系数，边界润滑膜失效后，基底表面特性占主导地位。这一研究为解决以镁合金作为基体材料的 MEMS 的微观润滑提供技术支持。

④ 基于微弧氧化技术和纳米二氧化硅涂覆构建微/纳二元粗糙结构，再利用全氟硅烷改性修饰后，制备得到镁合金基底超疏水性复合涂层。微/纳二元结构的超疏水复合涂层具有稳定的自清洁效果，其对不同 pH 值的液滴均表现出较高的不可浸润性，且相比镁合金基底材料具有较高的耐蚀性。这一研究为镁合金超疏水改性和提高基底耐蚀性提供了一种新思路。

9.3
展望

受实验条件和时间的限制，本研究工作还存在一些不完善之处。对制备得到的超疏水表面浸润性动态研究尚需进一步的深入与分析；本研究中所使用的基底材料为机械抛光以及电化学抛光制得，粗糙度值较小，与实际工业使用中的基底有一定的差别。结合超疏水表面的研究现状，还可以在如下方面做进一步的研究：

① 构建理想的微/纳米多级结构，结合低表面能物质修饰，达到最佳的仿生效果，实现超疏水表面适宜大面积工业生产的应用技术；

② 定量评价超疏水表面的耐久性及其影响因素，定量表征超疏水表面对具体工程实际应用的影响，为扩大超疏水表面的应用推广奠定理论与技术基础；

③ 确定疏水/超疏水表面研究中 Wenzel 模型、Cassie-Baxter 模型间过渡状态的转化条件及影响因素；

④ 开发应激响应的超疏水表面浸润性智能调控技术，为实现固体表面浸润性多元化应用提供技术支持；

⑤ 对双疏、超双疏、亲水（超）疏油、亲油（超）疏水技术进行开发研究。

特殊浸润性表面的
开发制备与性能研究